董唯元　廖鑫渺 ◎ 著

从零开始读懂
空间

U0195476

北京大学出版社
PEKING UNIVERSITY PRESS

内 容 提 要

随着人类对自然的不断深入探索,空间观念也经历了"抽象→具象→再抽象→泛化"的过程。

相对论帮助我们意识到,空间不仅是宇宙演化的舞台和背景,同时也是参与其中的角色之一。量子理论则将物理学从风平浪静的实数空间延伸到了波谲云诡的复数空间。那些神奇的量子效应,皆与复数空间的特殊结构有关。

近现代物理学甚至将对称性视为一种空间维度,由此发展出的规范场论已成功统一了宇宙中除引力之外的其他相互作用,并构建了基本粒子标准模型。

纤维丛理论、拓扑理论等更艰深的数学理论与物理学前沿领域广泛结合,遍地开花,物理学前所未有地呈现出"无处不几何"的局面。

本书围绕空间观念的演化,带读者领略物理学的发展历程及前沿发现。本书非常适合广大物理学爱好者,尤其是对空间概念感兴趣的读者阅读。

图书在版编目(CIP)数据

从零开始读懂空间 / 董唯元,廖鑫渺著. —— 北京:
北京大学出版社, 2025. 3. —— ISBN 978-7-301-35937-2

Ⅰ. O412.1

中国国家版本馆CIP数据核字第2025Z6G343号

书　　　名	从零开始读懂空间	
	CONG LING KAISHI DUDONG KONGJIAN	
著作责任者	董唯元　廖鑫渺　著	
责 任 编 辑	孙金鑫	
标 准 书 号	ISBN 978-7-301-35937-2	
出 版 发 行	北京大学出版社	
地　　　址	北京市海淀区成府路205号　100871	
网　　　址	http://www.pup.cn　　　新浪微博:@北京大学出版社	
电 子 邮 箱	编辑部 pup7@pup.cn　　总编室 zpup@pup.cn	
电　　　话	邮购部 010-62752015　发行部 010-62750672　编辑部 010-62570390	
印 　刷 　者	河北博文科技印务有限公司	
经 销 者	新华书店	
	880毫米×1230毫米　32开本　6.75印张　156千字	
	2025年3月第1版　2025年3月第1次印刷	
印　　　数	1–5000册	
定　　　价	49.00元	

序

　　董唯元博士是我在北京大学物理学院读本科时的同窗好友。本科毕业后，我转向了数学研究，而他则一直耕耘在物理相关的领域，特别是在博士毕业之后，他长期投身于科普工作。当今社会并不缺乏精通物理的专业工作者，而像董博士这样致力于引领大众走进科学世界的人却难能可贵。

　　光阴荏苒，董博士已从初入燕园时那个风华正茂的少年成为一名博学多才的资深科普作家。他的新作《从零开始读懂空间》是一部深入浅出的科普佳作，以通俗易懂的语言，带领大家穿越物理学的复杂丛林，探索宇宙空间的奥秘。本书不仅适合物理学爱好者，更适合那些对科学充满好奇、渴望了解宇宙真理的普通读者。

　　本书从欧几里得的《几何原本》讲起，逐步引导读者进入狭义相对论、广义相对论、量子力学，乃至弦理论等现代物理学的殿堂。董博士巧妙地将抽象的数学概念与具体的物理现象结合，让即使没有专业背景的读者，也能对这些深奥的理论有所体会和理解。

特别值得一提的是,本书在解释复杂的物理概念时,尽量避免运用过于专业的术语,而是用生动的比喻和形象的描述,让读者能够在轻松愉快的阅读过程中,逐渐构建起对空间和时间等基本物理概念的认知架构。

此外,董博士在书中对数学语言的运用也颇具匠心。他没有简单地避开数学,而是恰当地利用数学工具,帮助读者更深刻地理解物理概念。这种处理方式,既没有让数学成为阅读的障碍,也没有牺牲对理论精确性的阐述。

《从零开始读懂空间》是一本能够激发读者科学探索兴趣、拓展思维边界的好书。无论你是科学领域的专业人士,还是对宇宙充满好奇的普通读者,这本书都将为你打开一扇通往物理学深邃世界的大门。在此,我强烈向每一位追求知识和智慧的朋友推荐这本书。

北京航空航天大学数学科学学院教授

高鹏

前言

　　自 20 世纪初至今，人类对宇宙万物的认知经历了数次刷新，从牛顿力学到狭义相对论再到广义相对论，从经典理论到量子理论再到基本粒子标准模型，几乎每一次重大的观念颠覆都与空间概念紧密相关。

　　狭义相对论将时间和空间捏合成了时空统一体，广义相对论又展现出时空可以弯曲，黑洞、虫洞等一系列神奇的时空结构随之进入人们的视野。此外，量子理论的发展逐渐揭示：万物的真实面目是量子场，催生物质间相互作用的底层机制原来是时空中的各种对称性。

　　正当人们以为弦理论所预期的额外维和超对称所假想的超空间已经足够玄幻之时，来自理论物理学前沿的新发现又暗示我们，时空的维度或许只是一种幻象。时空本身和时空中的物质极有可能拥有共同的本源，都是更底层构件的聚合涌现。尽管相关理论还在探索中，但近些年来不同领域的研究成果不断地彼此印证，昭示着在不久的未来，我们将迎来又一次极为深刻的观念颠覆，其震撼程度定会比一百多年前那场相对论与量子理论相继出世所引发的物理学风暴更为猛烈。

这是一本面向大众的科普书,并不要求读者具备大学物理专业知识,而且在叙述过程中尽量规避了专业术语的使用。然而,为了保证内容的准确性,仍然会出现少量术语。如果读者在阅读过程中遇到了不易理解的专业名词,请继续读下去,绝大多数情况下,在紧随其后的下文中就会出现这个术语的相关解释。

书中所介绍的内容既包含充分验证过的理论,也包含尚存争议的理论,甚至还有完全未经实验验证,仅凭物理学家的直觉和推测构建的模型。为了便于读者区分,本书将这些内容划分为"数学名词和概念""完全能说清的部分""基本能说清的部分"和"不太能说清的部分"4个部分,希望借此帮助读者在领略新奇前沿进展和适度存疑之间,把握恰当的平衡点。

在本书的写作过程中,我得到了许多专业人士和科普爱好者的无私帮助。特别感谢:上海科技大学物质科学与技术学院副教授康健详细地审阅本书的初稿并指出了若干疏漏和不严谨之处;南开大学物理系张拙和广发银行金融部主管谢丹,在本书编写过程中与笔者频繁交流,分别从专业和非专业读者的角度,为本书提供了很多极为宝贵的意见和建议。

限于本书的主题和作者的水平,本书内容难免挂一漏万。如果有只言片语能引起读者对相关学术研究的好奇心,于我而言便已是功德圆满。

董唯元

目 录
CONTENTS

PART

04

第四部分

时空的本质和起源

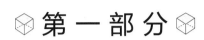

第 一 部 分

初识几何空间

P A R T　▶▶▶▶　0 1

您在
这里

第一部分	第二部分	第三部分	第四部分
数学名词和概念	完全能说清的部分	基本能说清的部分	不太能说清的部分

物理学所认知的时空

第 1 章

欧氏几何与非欧几何

想理解弯曲空间的几何,就要先理解曲面上的几何。那么曲面上的几何跟我们熟知的平面几何有哪些差别?数学上如何定量地表示曲面的弯曲方式和弯曲程度?本章内容将回答以上问题。

1.1 几何学的圣经

历史上哪本书对现代数学和科学的影响最大?答案当然是《几何原本》!

自公元前300年成书以来,这本书一直在全世界广泛流传,被翻译成数十种文字,多种文字都有若干个译本。即使在2300多年后的今天,欧美仍然有学校将这本书的现代版本作为中学生学习几何和公理化体

《几何原本》

《几何原本》是数学家欧里得创作的一部数学著作,被认为是历史上最成功的数学教科书。

核心思想 公理化方法

我的作品影响世界2300多年!

《几何原本》讲的是啥?太深了,一句话跟你们说不明白!

欧几里得

系的教辅材料。

这本书于明朝末年首次被翻译成中文。清朝时,它被收录于《四库全书》中,归类为天文算法。可惜,它没有被列为科举考试的考点,不然清朝考生们就要学做几何证明题了。

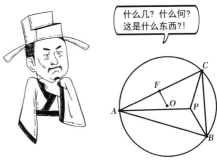

《几何原本》被公认为是古希腊科学和逻辑体系的集大成者,是古希腊文明的辉煌顶峰。然而,相传这本书是欧几里得在埃及完成的。如果想了解古希腊数学的最高成就,需要去一趟埃及。

托勒密王朝的创建者——托勒密一世是一位疯狂的图书收藏迷,他不仅在埃及修建了当时世界上最大的图书馆——亚历山大图书馆,而且据野史记载,他四处收集、购买,甚至抢夺各种书籍。当时,所有在埃及靠港的船只必须接受搜查,一旦船上有书,就会被扣下,直到抄写员抄完才能让船只离港。

经过几代国王的持续扩建,鼎盛时期亚历山大图书馆的藏书超过了70万卷。周边各国的求知者,即使是雅典人,也不得不跑到埃及才能看到完整的经典系列书籍。凭借这座图书馆,托勒密王朝时期的埃及俨然就是比希腊还希腊的文化和知识中心。

至于《几何原本》与这座图书馆的关系,历史学家们有两种不同的说法。一种说法,欧几里得生前就活跃在图书馆中,不仅在这里完成了《几何原本》的编撰,还开设学堂讲授几何学和逻辑学;另一种说法,图书馆是在欧几里得暮年,甚至死后才开始兴建,《几何原本》的成书并没有受益于这座图书馆。

无论哪种情况是真实的历史,都不妨碍这部长达13卷的鸿篇巨制穿越数千年沉浮与沧桑,一直作为人类理性殿堂的重要基石之一,支撑着我们对空间的思考和探索。

1.2 难以证明的第五公设

两千多年来,无数人对《几何原本》进行了修饰和改善,尤其在文艺复兴时期,许多数学家对其进行了增补和内容重排,以使其更适应当时的学习方式。在修订过程中,数学家骨子里的"强迫症"常使他们对书中的"第五公设"感到不爽。

所谓"公设"就是《几何原本》整本书推理演绎的起点。欧几里得在书的开篇提出了 5 个公设和 5 个公理,作为由常识而生且不证自明的逻辑出发点,其后洋洋洒洒的各种结论和定理,都由这几个公设和公理来证明。

公设

1. 由任意点到另外任意点可作一条直线。

2. 有限长直线可以在直线上持续延长。

3. 能以任意点为圆心、任意长度为半径画一个圆。

4. 所有直角彼此相等。

5. 若一条直线与另外两条直线相交,在同一侧所成两个内角之和小于两个直角,那么这另外两条直线在无限延长后在这一侧,而不在另一侧相交。

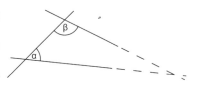

公理

1. 等同于相同事物的事物会相互等同。

2. 若等同物加上等同物,则整体相等。

3. 若等同物减去等同物,则其差相等。

4. 彼此重合的事物彼此相等。

5. 整体大于部分。

欧几里得

修订者们之所以看第五公设不顺眼,是因为与前4个公设及5个公理相比,第五公设陈述显得啰唆,也不像其他公设和公理那么不言自明。他们觉得第五公设更像是一条定理,可以由其他公设和公理推导出来。于是,一批数学家纷纷开始尝试证明第五公设。

就像面对其他数学问题一样,如果不能直接证明目标命题,就要寻找各种目标命题的等价形式。这些等价命题就像同一座城的不同城门,无论攻破哪扇门,都可以成功拿下这座城。

经过一番努力,数学家们发现了许多跟第五公设等价的命题。

◎ 三角形内角和为两个直角。

◎ 所有三角形的内角和都相等。

◎ 存在一对相似但不全等的三角形。

◎ 所有三角形都有外接圆。

◎ 若四边形的3个内角是直角,那么第四个内角也是直角。

◎ 存在一对等距的直线。

◎ 若两条直线都平行于第三条直线,那么这两条直线也平行。

难道这是传说中
正确的"废话"?

有趣的是,这些等价命题大部分看起来像废话。历史上那些声称证明了第五公设的人,其实都不自觉地使用了其中某个命题,因此犯了循环论证的错误。

还有一些等价形式使用了更近代的数学语言。苏格兰数学家约翰·普莱费尔所提出的等价命题,就是今天中学课本里的平行公理。

● 经过直线外一点,有且只有一条直线与这条直线平行。

从这个陈述中,我们能够更清晰地看出第五公设的本质。原来,这个公设强调的是平行关系的一种属性。而遍寻其他公设和公理,都没有任何与平行有关的陈述,难怪这条公设无法由其他公设证明。

需要注意的是,这个公设并不是对平行的定义。事实上,平行关系另有明确的定义,那就是"同一平面内永不相交的两条直线互相平行"。第五公设是对平行关系的限制和约束。

　　既然是在定义之外另行附加的限制,一些好事的数学家自然就会想:为什么平行关系一定要受这种约束呢? 如果违背这种约束,到底会有什么不妥的后果呢?

　　与平行公理相悖的假设有两种。

01

过直线外一点,不存在与已知直线平行的直线。也就是说,过直线外一点的所有直线都会与已知直线相交。

02

过直线外一点,存在不止一条直线与已知直线平行。也就是说,存在两条相交的直线,它们都与第三条直线平行。

　　这两种情况看起来非常古怪,甚至没有办法在平面上画出相应的示意图。但是数学是讲逻辑的,无论多么稀奇古怪的命题,只要逻辑上不矛盾,就不能被否定。

　　数学家们如果想否定这两种假设,就需要沿着逻辑链条严密推导演绎,直到发现矛盾所在。幸好有了先前为第五公设寻找等价命题的经验,同样的逻辑链条也可以引导出与这两种假设等价的命题。

　　例如,第一种假设等价于三角形内角和大于两个直角;第二种假设等价于三角形内角和小于两个直角。这些结论虽然看起来奇怪,但并不矛盾,只能说我们现在拥有了更多的逻辑闭环。在每一个闭环中,各个命题都能在逻辑上自圆其说。

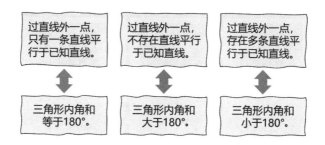

可是,世界上怎么能同时存在3套不同说法的几何学呢? 在那个数学与科学的界限尚不清晰的年代,人们普遍认为数学规则等同于自然法则,而同一宇宙里不应存在多套互不兼容的法则。因此,在相当长的一段时间里,《几何原本》中的第五公设一直被数学家们视作既看不惯又干不掉的"瑕疵"。

在罗巴切夫斯基、高斯、黎曼等近代数学家的努力下,第五公设及其所带来的种种疑问才被彻底澄清。原来,3套几何学并存这件事根本不值得大惊小怪,第五公设描述的仅是平面上的情形,而在球面或者马鞍面这种无法铺平的面上,第五公设不再成立,平行关系就有了其他的性质。

以球面为例,想象在地球表面上画直线,每条直线沿地球表面延伸足够远之后,最终都会首尾相扣形成赤道那么大的一个圆。如果我们将两个赤道那么大的圆箍在地球上,无论以什么姿态摆放,只要圆处处紧贴地球表面且不重合,就必然会存在两个交点。也就是说,球面上的任意两条直线必然相交,不存在平行线。注意不要把地球上的纬线错当成平行线,除赤道外的其他纬线根本不是球面上的直线。马鞍面的情况比较难举例说明,但读者可以通过球面的例子体会到相反的感觉。

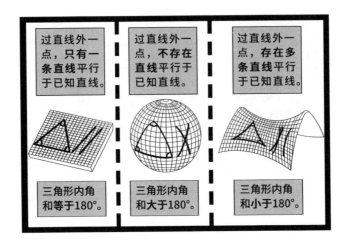

平面上的几何被称为"欧几里得几何",简称"欧氏几何",也就是我们在中学时就已经熟悉的那套几何学。而曲面上的几何被统称为"非欧几何",它与欧氏几何的区别就在于不再遵循第五公设。

从更深层的意义上来说,第五公设的变体不仅是多个几何学体系的分水岭,也比较直观地说明了数学与自然科学的区别:**数学的本质是逻辑关系,科学的主旨是因果关系,数学是精确描述科学理论的语言,但不是科学理论本身。**

1.3 弯曲空间中的几何

对于欧氏几何,我们在中学时就已经非常熟悉了,但是对于曲面上的非欧几何,则可能比较陌生。这种感觉就像习惯在平坦球桌上击球的台球选手,忽然要在凸凹不平的果岭上击球,恐怕许多经验都需要调整。

例如,"两点之间,直线段最短",这是连小学生都谙熟的道理,可是在曲面上却变成了"两点之间,直线段可能最短也可能**最长**"!

想想"南辕北辙"的故事,由于地球表面是球面,如果那个要去楚国的人背对着楚国并沿球面上的直线行走,还真的能够到达楚国。实际上,在他与楚国之间存在两条球面内的直线段,一条是所有路径中最短的,另一条我们姑且将它当作最长路径。

为什么这样说呢? 因为那个人在去楚国的路上可能会东拐西拐四处游荡,如此一来,他走出的路径想要多长就能有多长。为了避免出现故意绕路的情况,需要补充规定,路径中的任意两点之间既不能出现 S 形也不能出现交叉点。

　　当数学家想研究弯曲平面上的几何时,首先需要想办法表示清楚所处曲面的形态和弯曲程度。比如身处地球表面的我们如何证明自己正位于球面上呢? 在海边眺望出海船只的桅杆当然是一个办法,但是有没有更能体现数学特征,也更定量的方式呢?

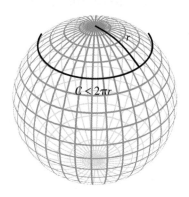

　　我们知道,在平面上半径为 r 的圆,其周长是 $2\pi r$,然而在曲面上,这个关系就不成立了。如果在球面上画一个圆,可以发现其周长 $C < 2\pi r$。而在马鞍面上,圆的周长 $C > 2\pi r$。利用这一点就可以用 $2\pi r - C$ 这个差值来显示曲面的形态和弯曲程度,这种方式定义的量叫作**高斯曲率**。由于某些因素,曲率还要具备面积倒数的量纲,因此完整的高斯曲率定义式是:

$$K = \lim_{r \to 0} (2\pi r - C)\frac{3}{\pi r^3}$$

　　不难看出,球面的高斯曲率是正数,马鞍面的高斯曲率是负数,圆柱面的高斯曲率是0。没错,圆柱面实际上是平面。其实不只是圆柱面,圆锥的侧面也是平面,因为可以将其铺平,且完全不出现褶皱。而球面和马鞍面不能铺平,它们是真正的曲面。

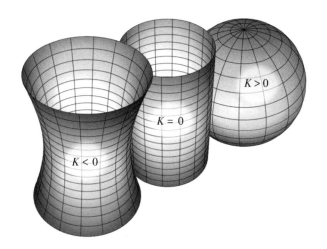

另外，从定义式还能够推导出，球越小，球面的曲率越大。曲率是指曲面弯曲的程度，这个数值的绝对值越大，就意味着曲面弯曲的程度越大。

高斯曲率的妙处在于，生活在 2 维空间里的那些生物，只要在自己的世界里测量距离，并不需要借助跳出 2 维空间的"上帝视角"，就能够计算出自己空间的弯曲状况和程度。

在生来只能感知前后左右，没有上下概念的头脑中，居然可以通过丈量和计算，认识到球面、平面、马鞍面的差异。如果你此时暂停片刻认真体会，定会为这种来自几何学的理性力量所震撼。

相信有些读者立即会联想到生活在 3 维空间中的自己：我们是否也能够凭借这种力量认识到身处的 3 维空间的弯曲情况？高斯的学生黎曼也是这样想的，于是他把 2 维面上高斯曲率的思想精髓延伸到了高维空间，提出了黎曼曲率，继而发展出了一整套高维弯曲空间里的几何学，也就是"黎曼几何"。

相较于定义在 2 维面上的高斯曲率，黎曼曲率可以定义在任意维度的空间中，这使黎曼曲率具有更广泛的适用性。不过，由于高维空间可能存在的弯曲姿态更复杂,仅仅使用一个数值无法充分涵盖这些姿态,所以黎曼曲率不再是一个简单的数字,而是一个含有许多数字的数学结构。

这种数学结构叫作张量,因此黎曼曲率也被称为黎曼曲率张量。至于到底什么是张量,黎曼曲率张量又是什么,请读者深吸一口气,进入下一节。

1.4　标量、矢量和张量

在中学时我们就学过标量和矢量这两个概念。标量是只有大小没有方向的量,比如质量、电荷;而矢量是既有大小又有方向的量,比如位移、速度、力等。在给定坐标系中,矢量可以用它的分量表示。2维面上的矢量 v 有两个分量,可以写成 $\begin{pmatrix} v_x \\ v_y \end{pmatrix}$ 或者 (v_x, v_y);3维空间中的矢量 v 有 3 个分量,可以写成 $\begin{pmatrix} v_x \\ v_y \\ v_z \end{pmatrix}$ 或者 (v_x, v_y, v_z)。

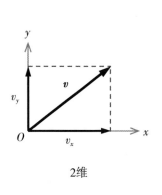

2维

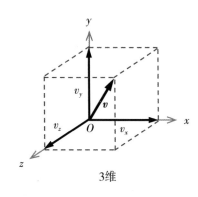

3维

还可以这样解释，n 维空间中的矢量有 n 个分量，每个分量都是标量。所以可以粗略地说，n 个标量并排放在一起，就组成了一个 n 维矢量。

$$n\text{维矢量} = \left(\text{标量}_1, \text{标量}_2, \cdots, \text{标量}_n\right)$$

如果把 n 个矢量并排放在一起，这个由 $n \times n$ 个标量构成的"表格"就是张量。

$$n\text{维张量} = \left(\text{矢量}_1, \text{矢量}_2, \cdots, \text{矢量}_n\right)$$

$$= \begin{pmatrix} \text{标量}_{11} & \cdots & \text{标量}_{n1} \\ \vdots & \ddots & \vdots \\ \text{标量}_{1n} & \cdots & \text{标量}_{nn} \end{pmatrix}$$

擅长举一反三的读者可能会问：把 n 个张量并排放在一起又能构成什么呢？

还是张量！

答案还是张量，只不过是更高阶的张量。

专业术语

"阶"，指每个分量有几个角标。

上面那个 $n \times n$ 个标量构成的"表格"中，每个分量有两个角标，所以那个张量就是2阶张量。如果把 n 个2阶张量并排放在一起，那么构成的就是一个 $n \times n \times n$ 的"表格"，里面的每个分量都有3个角标，所以是一个3阶张量。一般来说，n 维 r 阶张量就是 $\underbrace{n \times n \times \cdots \times n}_{\text{共} r \text{个}}$ 的"表格"，里面共有 n^r 个分量。依照这个规律，矢量是1阶张量，标量是0阶张量。

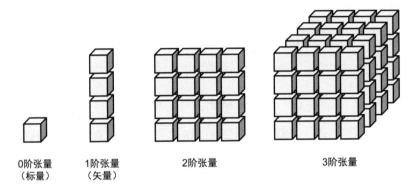

0阶张量　　　1阶张量　　　　2阶张量　　　　　　3阶张量
（标量）　　　（矢量）

上一节结尾处提到，黎曼曲率是张量。现在可以更准确地说，黎曼曲率是一个4阶张量。3维空间中，黎曼曲率有 $3^4 = 81$ 个分量；4维空间中，黎曼曲率则有 $4^4 = 256$ 个分量。

为什么黎曼曲率如此复杂呢？要想理解黎曼曲率的定义方式，我们就得先知道张量的另一副面孔——它是一个以矢量为食的"怪兽"。

r 阶张量就是一个脸上长着 r 张嘴的怪兽，每向它投喂1个矢量，它空闲的嘴就会减少1张，也就是变成了 $r - 1$ 阶张量。当所有的嘴被填满之后，它会变成一个标量。

黎曼曲率是一个4阶张量，这意味着该张量怪兽有4张嘴，如果投喂给它3个矢量，我们就可以得到1个矢量。用学术一些的语言来表述，即黎曼曲率之所以是4阶张量，是因为它提供了一个映射关系，将给定的3个矢量映射到1个矢量上。

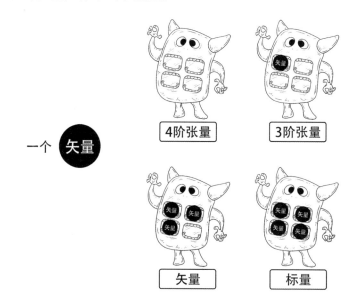

估计此刻许多读者还是一头雾水,不明白要从哪3个矢量映射到哪个矢量。先别急,我再补充一个关于弯曲空间的知识点。

> **知识点 ☑**
>
> 矢量在平直空间内可以随便平动,无论移动到哪里,其本身都不会改变。可是,在弯曲空间中,矢量就不能随便"离家出走"了,即使始终平动着旅行一圈,"回家"时也可能变成"连老妈都不认识的样子"了。

为了便于展示,这里以2维弯曲空间为例。读者可以找一个地球仪,尝试在其表面移动矢量。从北极 P 点出发,先沿经线平移(注意2维球面内的矢量方向只能切于球面)到赤道上的 A 点,再沿赤道平移到 B 点,最后沿另一条经线平移回 P 点。经过 $P \rightarrow A \rightarrow B \rightarrow P$ 这趟旅行之后,矢量的方向发生了变化,这就是由空间弯曲所造成的效应。

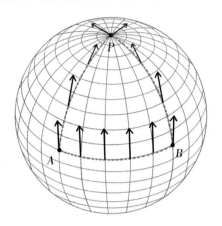

黎曼曲率的定义正是利用了这种效应。随便选择空间中 P 点处的 3 个矢量 v_0、v_1 和 v_2,用 v_1 和 v_2 以及这两个矢量之差构成一个闭合的旅行路线,再让 v_0 沿着这个路线平动一圈。等 v_0 旅行归来,就因空间的弯曲变成 v_0'。这个变动量 $\Delta v = v_0' - v_0$ 就是由我们选择的 v_0、v_1 和 v_2 决定的。而黎曼曲率张量所提供的,就是从 v_0、v_1、v_2 这 3 个矢量到矢量 Δv 的映射。

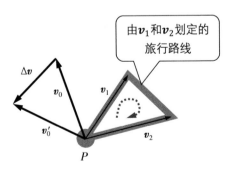

由 v_1 和 v_2 划定的旅行路线

第 2 章

体会高维空间

如何想象4维空间的样子？这几乎对所有人来说都是一种挑战，更不要说想象更高维的空间。本章的几个小节可以帮助读者由浅入深逐渐克服对高维空间的恐惧。大家即使无法直观地想象高维空间，也能有一些感性认识。

2.1　正多面体

在纸上用樟脑画一个圆圈，可以困住蚂蚁，却困不住会飞的蜜蜂。这类例子经常会出现在介绍高维空间的科普书中，以说明高维世界天然拥有更多的自由度。似乎更多的维度就意味着更少的束缚和更多的可能性。

然而更多维度有时候会产生额外的限制。在2维平面上，存在无限多种正多边形，可是在3维空间中，正多面体只有5种：正4面体、正6面体（立方体）、正8面体、正12面体和正20面体。瞧，在多出1个维度的空间中，完美主义者的选择反而变得更少了。

所谓正多面体，是指由若干完全相同的正多边形拼搭而成的3维凸多面体。这个3维形状的所有顶点都在同一个外接球上，所有相邻表面的二面角都相等，所有顶点处的空间角也都相等。

有兴趣的读者可以尝试用硬纸片剪出若干等大的正多边形，然后自己动手拼装多面体。这种拼装必然要从一个空间角开始，而构成一个空间角至少需要3个正多边形。下面我们从正三角形开始。

● 用3个正三角形拼出一个空间角之后，直接就能得到正4面体。

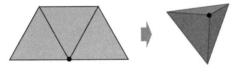

● 用4个正三角形拼出空间角之后再稍做尝试，就能拼出正8面体。

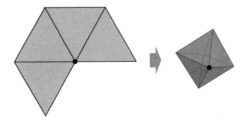

● 用5个正三角形拼出空间角之后，一通摸索，能拼出正20面体。

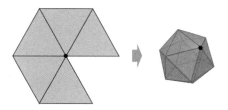

● 将6个正三角形拼在一起,恰好是一个平面,无法继续拼出正多面体。

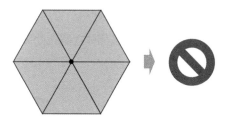

● 现在换成正方形,用3个正方形拼出空间角,立马可以得到正6面体。

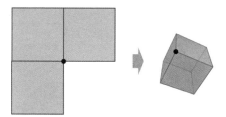

● 4个正方形恰好能铺成平面,拼不出空间角。

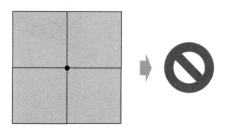

● 换成正五边形,用3个正五边形拼出空间角之后,可以得到正12面体。

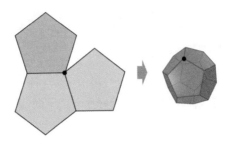

● 4个正五边形拼不出空间角。换正六边形出场,然而3个正六边形直接铺成平面,于是我们寻找正多面体之路就此完结。

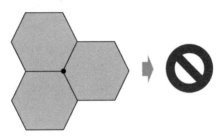

这个穷举过程,几千年前的古人就已经思考过。在《蒂迈欧篇》中,柏拉图不仅证明了只存在5种正多面体,还秉持"数学即万物"的思想,把这些几何图形与宇宙万物的本源联系了起来。

古希腊人认为,世界由土、水、气、火4种元素构成。柏拉图认为,土的几何本质是正6面体,水的是正20面体,气的是正8面体,火的是正4面体,剩下的正12面体

没错,老哥我证明的!

柏拉图

则对应一种"天上世界"的元素,即所谓的"第五元素",他的学生亚里士多德后来将其命名为"以太"。

作为中国人,我替古希腊人感到惋惜,如果他们当初也像中国古人一样使用"金、木、水、火、土"五行理论的话,岂不是跟几何学贴合得更完美?

以今天的视角来看,这种穿凿附会式的理论颇为荒诞。但在当时,以及其后相当长的一段时间内,几乎所有"顶级头脑"对这几个3维空间中的完美图形都抱持着近乎崇拜的钟爱。1596年,在开普勒所著的《宇宙的奥秘》中,这5个正多面体依然被认为是行星运行规律背后的秘密。

在望远镜被发明之前,人类用肉眼就已经观察到了太阳系中的五大行星,再加上地球,共有6个绕太阳运转的行星。开普勒认为,这6个行星轨道之间的5段距离,恰好是5种正多面体的外接球与内切球之间的距离。

也就是说,开普勒认为5种正多面体像俄罗斯套娃一样,一层层包裹着太阳,而行星就运行在这些套娃的缝隙间,如下图所示。

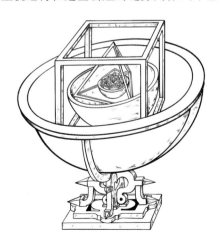

因为只存在5种正多面体，所以开普勒断定，太阳系就只有地球和五大行星，不会有其他行星。开普勒的学说影响甚广，许多人都对此深信不疑，以至于1781年有人借助望远镜发现天王星时，第一时间得到的并不是祝贺，而是质疑和攻击。

所幸彼时"站在开普勒肩膀上"的牛顿发表了更靠谱的万有引力理论，才使人类瞭望太阳系的视野冲破了对几何图形的迷信。这再次抹去了数学与自然科学之间的等号，数学确实能够在许多时候启发和引导科学上的新发现，但它从来不是宇宙法则必须遵守的教条。

"如果说我比别人看得更远一些，那是因为我站在巨人的肩膀上。"没错，这话是我说的！

牛顿

万有引力之父

开普勒

2.2　高维超立方体

　　关于正多面体的研究还可以扩展到更高维的空间,只不过在高维空间中我们需要学习新的名词。一般说"体"时,会默认指 3 维的对象,而当提及高维空间中的对象时,需要加一个"超"字以示区分。比如立方体在高维空间的对应形状被称为超立方体,球体在高维空间中的对应形状被称为超球体。

关于"超立方体""超球体""多胞体",这里本应该画一张示意图,但确实太难了。小董不才。

　　另外,覆盖 3 维物体的是 2 维面,但覆盖高维形状表面的就不止 2 维面,所以 3 维空间中的多面体在高维空间中被改称为多胞体。在 4 维空间中正多胞体有 6 种,分别是正 5 胞体、正 8 胞体、正 16 胞体、正 24 胞体、正 120 胞体和正 600 胞体。在维度大于 4 的空间中,正多胞体只有 3 种。

　　想象这些高维多胞体的姿态,估计这对许多读者来说都是一种挑战。其实感官经验不仅限制我们普通人,也限制了那些"顶级大脑"。

当闵可夫斯基把狭义相对论表述成4维时空的语言时,爱因斯坦的反应是:"我都不认识自己的理论了。"

著名物理学家萨斯坎德在给斯坦福大学物理系本科新生上课时说:"不要因为无法直观想象4维空间而沮丧,其实我也和你们一样。我们只能借助类比和数学。"

在思考高维空间时,类比和数学确实是帮助我们摆脱感官束缚的有力工具。下面举一个例子。

4维超立方体有多少个顶点?多少条边?多少个2维表面?多少个3维边界呢?(注意,4维超立方体的边界是3维的立方体,而不是2维的正方形。)

有兴趣的读者可以在这里暂停,拿出草稿纸做一下推导计算,然后跟后续的内容核对结果。

没算吧?
是不是因为懒?

好吧!就知道你懒得计算。我们还是一起从低维的情况出发,慢慢寻找规律吧。

1 维线段有 2 个顶点;

2 维正方形有 4 个顶点、4 条边;

3 维立方体有 8 个顶点、12 条边、6 个 2 维表面;

......

这样很容易就可以发现,4 维超立方体应该有 16 个顶点。也就是说,n 维超立方体有 2^n 个顶点。不过,边和面的数量似乎还看不出什么明显的规律。此时我们需要引入坐标系来帮忙。为了方便,干脆假定所有图形的边长都是 1,这样就可以写出各顶点的坐标。

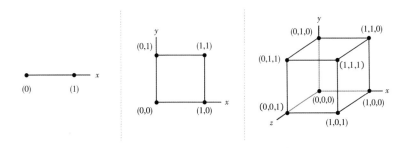

现在就能清楚地看到, n 维超立方体的每个顶点坐标都有 n 个分量,取值为 0 或 1。这印证了刚刚猜测的" n 维超立方体有 2^n 个顶点"的说法,因为这种排列方式共有 2^n 种,而每种方式恰好对应一个顶点。

另外,图形中的每条边对应着 n 个坐标中只有 1 个数字不同,且其余 $n-1$ 个坐标都相同的两点。例如,点 $(x,0,z)$ 与点 $(x,1,z)$ 之间就存在一条边,而点 $(x,0,0)$ 与点 $(x,1,1)$ 之间则不存在边。掌握这个规律后,不难算出, n 维超立方体的边数是 $n2^{n-1}$ 条。具体一些,当 $n=4$ 时,共有 32 条边。

关于 2 维表面,也有类似的规律。 n 个坐标中,只有 2 个数字不同,其余 $n-2$ 个坐标都相同的 4 个点,就构成了一个 n 维超立方体的表面。所以 2 维表面的数量是 $C_n^2 2^{n-2}$ 个。对 4 维超立方体来说,2 维表面有 24 个。

对于更高维边界的数量,也同样如法炮制,3 维边界数量是 $C_n^3 2^{n-3}$ 个,所以 4 维超立方体有 8 个 3 维边界。

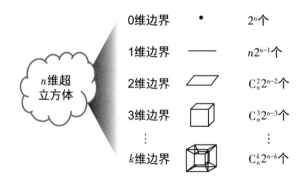

至此,我们虽然仍然无法直观地想象出 4 维超立方体的样子,但通过低维图形的类比和数学工具的辅助推理,已经可以非常清晰准确地做出描述。有时候,这种类比和推理还能够帮助我们发现高维空间中

一些非常神奇、有趣的现象。

让我们一起来看下面的例子。

在 2 维面上画一个边长为 2 的正方形，然后以每个顶点为圆心，画半径为 1 的圆。显然，这 4 个圆两两相切。接着，在这 4 个圆围住的区域里画一个圆，让第 5 个圆与前 4 个圆都恰好外切，这也是在这个区域里能画出的最大的圆。通过计算可以得出，中间这个圆的半径是 $\sqrt{2} - 1$。

现在我们增加一个维度，在 3 维空间中作一个边长为 2 的立方体，然后以它的各个顶点为球心分别作半径为 1 的球体。然后在这 8 个球体的中间区域塞进第 9 个球体，使其与另外 8 个球体都外切。此时，中间这个小球体的半径是 $\sqrt{3} - 1$。

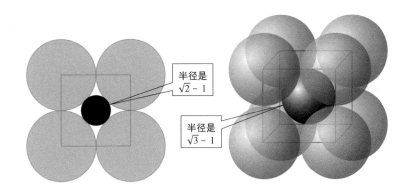

半径是 $\sqrt{2} - 1$

半径是 $\sqrt{3} - 1$

如果继续增加维度，在边长为 2 的 4 维超立方体上再次重复上述操作，以它的 16 个顶点为中心，摆上 16 个半径为 1 的 4 维超球体，那么中间那个与其他超球体都相切的第 17 个 4 维超球体的半径是多少呢？从先前的规律中不难猜到，它的半径是 $\sqrt{4} - 1 = 1$。

啊哈！此时处在超立方体中心的那个超球体，已经跟分布在各顶点上的超球体一样大了，而且其直径也与超立方体的边长一样大。如果再增加维度，9维超立方体中间的那个9维超球体的半径就已经等于超立方体的边长了。

这是一个非常反直觉的结果，同时也非常有趣。在足够高维度的空间中，超立方体似乎变成了某种"狭长"的形状。而被各顶点超球体紧紧逼住的那个中心超球体，仍然可以轻松溢出超立方体本身。

我们还可以通过计算体积的方式来验证这种溢出效应。需要注意的是，9维空间中，"体积"量纲是长度的9次方。

边长为2的9维超立方体的体积是2^9，而半径为2的9维超球体的体积为：

$$\frac{32\pi^4}{945} \times 2^9 \approx 3.3 \times 2^9$$

可以看出，中心超球体的体积是超立方体体积的3倍多。至于超球体的体积为什么如此计算，这是一个需要一整节才能解释清楚的问题。

2.3 超球体的"体积"和"表面积"

我们用S^n来代表$n+1$维空间中超球体的表面，S是Sphere的首字母；用B^n代表n维空间中的超球体，B是Ball的首字母。例如，S^2是指通常意义上的球面，它包裹着一个3维球体B^3；S^1则是指平面上的圆周，它是2维圆盘B^2的边界；B^1作为1维的球体，实际上就是一条线段上所有的点，这个图形的边界S^0，就是线段的两个端点。

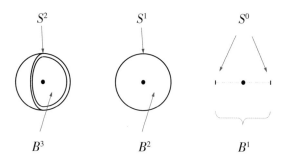

总之,无论字母是 S 还是 B,右上角的那个数字所代表的就是图形本身的维数。如果维数是 2,则说明图形是一个面,无论它怎么弯曲扭转,在上面行走的蚂蚁始终只能前后或者左右移动,没有上下的概念。

日常语言中的面积和体积仅指 2 维和 3 维的对象,为了方便叙述,我们使用 vol(*) 来代表任意维对象所包含空间的总量。例如,$\mathrm{vol}(S^2)$ 代表普通球面的面积,$\mathrm{vol}(B^3)$ 则代表普通 3 维球体的体积。根据我们中学时所学的知识可得:

$$\mathrm{vol}(S^0) = 2$$

$$\mathrm{vol}(S^1) = 2\pi r$$

$$\mathrm{vol}(S^2) = 4\pi r^2$$

$$\mathrm{vol}(B^1) = 2r$$

$$\mathrm{vol}(B^2) = \pi r^2$$

$$\mathrm{vol}(B^3) = \frac{4}{3}\pi r^3$$

那么高维的 $\mathrm{vol}(S^n)$ 和 $\mathrm{vol}(B^n)$ 该如何计算呢?仅从上面几个已知的公式中很难看出向高维推广的规律。事实上,奇数维与偶数维的情况差别还挺大。这里先给出结论,然后慢慢说明原委。

当 $n = 2k$ 时,

$$\mathrm{vol}\left(S^{2k}\right) = \frac{2^{2k}(k-1)! \; \pi^k r^{2k}}{(2k-1)!}$$

$$\mathrm{vol}\left(B^{2k}\right) = \frac{\pi^k r^{2k}}{k!}$$

当 $n = 2k + 1$ 时，

$$\mathrm{vol}\left(S^{2k+1}\right) = \frac{2\pi^{k+1} r^{2k+1}}{k!}$$

$$\mathrm{vol}\left(B^{2k+1}\right) = \frac{2^{2k+1} k! \; \pi^k r^{2k+1}}{(2k+1)!}$$

请少安毋躁，不要被这些张牙舞爪的公式吓到，其实它们背后的原理并不复杂。只需要两个递归关系，就可以从已知的低维情况逐步推导出任意维超球体的体积和表面积的计算公式。

$$\mathrm{vol}(S^{n-1}) \qquad\qquad \mathrm{vol}(S^n) \qquad\qquad \mathrm{vol}(S^{n+1})$$

$$\mathrm{vol}(B^{n-1}) \qquad\qquad \mathrm{vol}(B^n) \qquad\qquad \mathrm{vol}(B^{n+1})$$

这两个递归关系的具体内容是：

$$\mathrm{vol}\left(B^n\right) = \frac{r}{n} \mathrm{vol}\left(S^{n-1}\right)$$

$$\mathrm{vol}\left(S^n\right) = 2\pi r \cdot \mathrm{vol}\left(B^{n-1}\right)$$

其中，第一个递归关系等式很容易理解，S^{n-1} 就是包裹着 B^n 的外皮，随意划出 S^{n-1} 的一小片，与超球体球心连接成一个 n 维空间中的锥体。在 2 维空间中，锥体（也就是扇形）的 vol 等于 $\frac{1}{2}\times$底$\times$高，而 3 维空间中锥体的 vol 等于 $\frac{1}{3}\times$底$\times$高，由此可以推测，n 维空间中锥体的 vol 等于

$\dfrac{1}{n}$×底×高。将所有这些锥体累加起来,就得到了第一个关系等式。

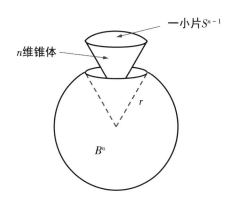

至于对第二个递归关系等式的解读,要稍微曲折一些。让我们先来回忆中学时证明球体表面积为 $4\pi r^2$ 时遇到的一个事实:球体的表面积恰好等于紧套住它且与球等高的圆柱的侧面积。

大致的证明思路是:如果在圆柱的中轴线上放一条只向水平方向发射光的光源,那么球面上的每一小块被投影到圆柱面上后,虽然形状发生了变化,但面积恰好没有变化。

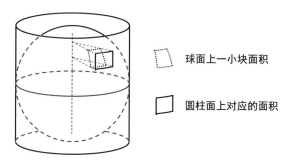

具体的计算过程就不展示了,有兴趣的读者可以将此作为课后思考题。在这个证明方法中值得注意的是,通过投影我们得到以下关系:

球面面积 = 圆柱侧面积 = 圆柱底面周长 × 圆柱的高

将圆柱底面周长写成 $\text{vol}(S^1)$，圆柱的高写成 $\text{vol}(B^1)$，就有：

$$\text{vol}(S^2) = \text{vol}(S^1) \cdot \text{vol}(B^1)$$

在高维空间中，类似的投影法仍然有效，只是代表光源的 $\text{vol}(B^1)$ 变成了更高维的 $\text{vol}(B^{n-1})$，于是我们就可以得到 $\text{vol}(S^n) = \text{vol}(S^1) \cdot \text{vol}(B^{n-1})$，也就是前述两个递归关系中的第二个等式。

数学思维严谨的读者阅读本节时可能会疑惑，作为推导高维超球体体积和表面积的核心基础，我们对那两个递归关系的解释有些简略，甚至在关键点处都是用蒙太奇的手段取代了真正的逻辑证明。

其实，本节的主旨是希望读者能够通过这些过程，尽量体会从低维空间到高维空间的类推，因此刻意回避了那些可能劝退或者催眠读者的数学计算。我始终认为，证明一个等式正确与否固然重要，但对于学习者，感受它降临到头脑中的奇妙过程远比证明它更重要。

如果想以严谨的方式来推导，最直接的办法是用积分来计算。在一些数学技巧的辅助下，我们能够直接得到含 Γ 函数的统一表达式：

$$\text{vol}(S^n) = \frac{2\left(\sqrt{\pi}\right)^{n+1}}{\Gamma\left(\dfrac{n+1}{2}\right)} r^n$$

$$\text{vol}(B^n) = \frac{\left(\sqrt{\pi}\right)^{n}}{\Gamma\left(1+\dfrac{n}{2}\right)} r^n$$

（注：S^n 代表 $n+1$ 维空间中超球体的表面，B^n 代表 n 维空间中的超球体。）

对于这两个公式的解释，已经超出了本书的预设范围，这里就不展开介绍了，感兴趣的读者可以查阅相关的专业书籍。

第 3 章

拓扑几何

花样繁多的几何形状该如何分类？不同的形状有可能具备某种相同的性质吗？拓扑这个几何学中的抽象概念，不仅能回答以上问题，在面对其他一些问题时还可以帮助我们穿过迷雾，直击要点。

3.1 什么是拓扑

前面章节介绍了曲率这个空间自身的属性，也讨论了体积、表面积这些空间中几何形状的属性。但提到这些属性时，有个隐蔽的前提被忽略了，那就是我们必须先用"点穴手"把空间或几何形状定住。如果计算风中摇曳的旗子的曲率，或是欢快游动的章鱼的表面积，这显然没有办法得到确定的答案。

然而，几何学中偏偏有个分支不需要施展"点穴手"，那就是拓扑。

它专门研究那些无论几何形状怎么扭动都不会改变的性质。那些几何形状可以像灌了水的气球一样随意改变姿态,所以被称为**流形**。

近现代数学中,拓扑甚至超出了几何学领域,发展出诸如"代数拓扑"等更为抽象的理论体系。当然,就本书所涉及的范围而言,我们着重介绍几何意义上的拓扑。

从拓扑的角度来看,茶杯与甜甜圈是相同的流形,因为二者可以经过一系列的连续变化彼此转换,而在这个过程中既不会发生撕裂也没有裂缝需要黏合。这种拓扑意义上的相同,用数学术语**同胚**来表示。

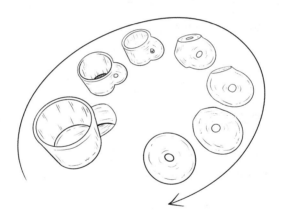

我们可以把立方体揉成球体,所以立方体同胚于球体;也可以把立方体表面吹胀成球面,所以立方体表面同胚于球面。但是甜甜圈表面和球面则不同胚,因为在禁止撕裂和黏合的前提下,球体无论怎么变化都无法拥有甜甜圈那样的孔洞。

另外,眼镜框与甜甜圈和球体都不同,因为眼镜框有 2 个孔洞,甜甜圈只有 1 个孔洞,而球体有 0 个孔洞。猜得没错,孔洞数量是拓扑流形的一种分类方式。

有一个与孔洞结构紧密相关的属性——连通性。如果流形中的任意一条闭合曲线都能够收缩成一点，那么就称这个流形为单连通流形。例如，圆盘 B^2、球体 B^3、球面 S^2，甚至是挖掉一块的球面 $\{S^2 - B^2\}$，这些都是单连通流形。但是甜甜圈的表面 T^2 [T 是 Torus（圆环面）的首字母；2 代表流形仅指 2 维表面，不包括甜甜圈内部] 就不是单连通的，因为 T^2 里有两种闭合曲线，不能收缩成一点。

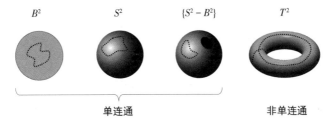

B^2 S^2 $\{S^2 - B^2\}$ T^2

单连通   非单连通

在上述单连通例子中，细心的读者也许会发现，B^2、B^3 和 $\{S^2 - B^2\}$ 都是有边界的流形，只有 S^2 不存在边界。那么，除 S^2 之外，还有其他不存在边界的单连通 2 维流形吗？

请注意，无限延伸的平面并不算数，因为无穷远处也是一种边界。也就是说，我们的讨论仅限于不会延伸到无穷远处，但又不存在边界的流形。数学家们把这种极端自闭的流形称为**闭流形**。

其实，前面那个貌似不起眼的问题，正是大名鼎鼎的**庞加莱猜想**的 2 维特例。完整的庞加莱猜想可以表述为：n 维单连通闭流形必同胚于 S^n。如果说数学界的难题有"这还用证"型和"这也能证"型两种，那么庞加莱猜想应该兼属二者。

当然，2维的情况是最简单的，早在庞加莱提出这个猜想之前就已经被人证明了。吊诡的是，高维空间中庞加莱猜想的证明反而更容易一些。$n \geq 5$ 的情况在 1961 年由美国数学家斯蒂芬·斯梅尔给出了证明，$n = 4$ 的情况在 1981 年由美国数学家迈克尔·弗里德曼给出了证明。而剩下的 3 维情况，则成了考验所有几何学家的著名难题。美国克雷数学研究所在 2000 年 5 月公布了七大数学难题，每道题悬赏 100 万美元。其中第 3 题就是庞加莱猜想的 3 维情况。

这个问题之所以能够位列千禧年七大数学难题之一，不仅是因为它本身的难度，更多的原因在于它对数学、物理学、宇宙学等许多领域都有非常重要的意义。甚至可以说，这个问题在某种程度上直接影响着我们对真实 3 维空间的认知。

克雷数学研究所悬赏的千禧年七大数学难题

1. 黎曼猜想
关于ζ函数零点分布的猜想，与素数分布有密切关系。

2. NP完全问题
计算理论中与计算复杂性和计算时间相关的一个问题。

3. 庞加莱猜想（已证明）
任何单连通3维闭流形均同胚于 S^3。关乎流形分类的重要问题。

4. 霍奇猜想
代数拓扑领域的一个猜想，深刻联系着代数几何、拓扑学和数学分析等领域。

5. 杨-米尔斯方程存在性和质量间隙问题
关乎规范场理论数学基础的问题，杨-米尔斯方程应存在满足质量条件的解。

6. 纳维-斯托克斯方程存在性和光滑性问题
关乎流体力学基础的问题，纳维-斯托克斯方程应存在光滑的解。

7. BSD猜想
解析数论和代数几何领域的猜想，与椭圆曲线上有理数点的数量及分布相关。

幸运的是,庞加莱猜想的3维情况,最终由俄罗斯数学家佩雷尔曼在 2002 年至 2003 年给出了证明。至今为止,这也是千禧年七大数学难题中唯一被解决的问题。

2010 年,克雷数学研究所正式宣布佩雷尔曼获得 100 万美元奖金,但是这位传奇数学家毫不犹豫地拒绝了领奖。在此之前,他同样不留情面地拒绝了 2006 年的菲尔兹奖——数学界的国际最高奖项之一。该奖项是无数数学家终生梦寐以求的无上荣耀。

大概在他的心中,那些除他之外无人可以触达的深奥推理和最终答案就是天地间最大的奖赏。

3.2　只有单面的纸

一个青年人问禅师:"大师,我很爱我的女朋友。她有很多优点,但也有一些令人讨厌的缺点。有什么方法能让她改变呢?"

禅师浅笑,答:"方法很简单,不过若想我教你,你需先下山找一张只有正面没有背面的纸回来。"

这个青年人低头思索片刻,掏出一个**莫比乌斯带**。

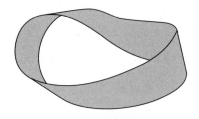

这则搞笑的网络段子让许多不懂拓扑的人知道了莫比乌斯带。这个几何形状的神奇之处在于它的内侧和外侧是同一个面,沿着莫比乌斯带爬行的蚂蚁可以顺滑地从内侧爬到外侧,途中不需要翻越边界。

另外,这个纸带看似有两条边界线,但若你仔细观察就会发现,它只有一个1维边界,并且这条边界线同胚于 S^1。

将莫比乌斯带与2维圆盘 B^2 做对比,虽然它们都只有一个面,并且都以 S^1 为边界,但它们显然是两种不同的形状。那么 B^2 与莫比乌斯带之间的区别到底是什么呢?没错,就是连通性!上一节中说过,B^2 是单连通的,莫比乌斯带则不是。我们可以在莫比乌斯带上画出一条闭合的曲线,但这条曲线无法收缩成一点。

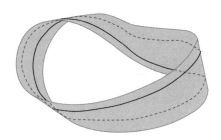

当然,除连通性之外,B^2 和莫比乌斯带之间还有许多不同之处,这

里不再展开，后续内容中遇到的时候再进行补充。我们现在更紧急的任务是了解能够在平面上画出莫比乌斯带的方法——**剪切**和**粘贴**。

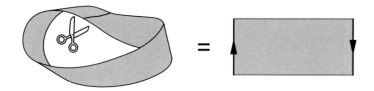

这种方法就是用剪刀将莫比乌斯带剪开，然后就可以平铺在平面上了。同时要在切口处做明确标注，以便跟普通的矩形区分开。反过来，我们也可以将标注的切口视为待黏合的接缝，平铺图中的两条线在黏合后其实是同一条线，术语称这两条线相互**认同**。

$$M = N$$
$$P = Q$$

在标注相互认同的两条线时，需要用箭头表示出认同的方向。例如，在莫比乌斯带的平铺图中，左右两边的认同方向是相反的。只有这种将一端扭转180°之后再和另一端黏合的方式才能得到莫比乌斯带，否则就只能黏合出一个普通的圆柱侧面。

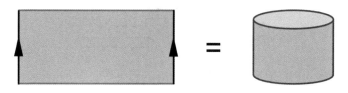

依靠这种标注认同的方式，我们可以将许多图形铺平。例如，像甜甜圈这样的圆环面 T^2 就可以铺平成一个矩形，然后标注上左右两边认同，以及上下两边认同。玩过老式游戏机的读者肯定对这种认同方式很熟悉。在20世纪80年代的游戏机里，许多游戏都采用这种模式来创造一个似乎无边界的游戏体验。

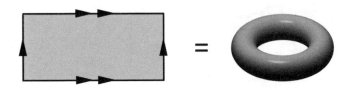

如果游戏者操纵的人物从右侧边界继续向右走，就会从左侧边界重新进入画面，而从屏幕上沿继续向上，就会从下沿重新回来。此时，游戏屏幕从拓扑意义上来看就是不折不扣的T^2，在其上行走的感受也跟行走在圆环面上的感受一模一样。

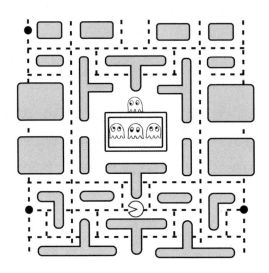

如果我们将矩形左右两边反向认同，同时将上下两边同向认同，会得到什么形状呢？答案是**克莱因瓶**。这是经常与莫比乌斯带一同被提及的古怪流形，二者的共同特点是内侧面与外侧面是同一个面。数学上把这种只有一个面、没有内外之分的流形称为**不可定向流形**，而莫比乌斯带和克莱因瓶就是两个典型的不可定向流形。

　　与莫比乌斯带不同的是,克莱因瓶是一个无边界的闭流形。当然它不是单连通的,所以并不同胚于 S^2。读者可以尝试找出克莱因瓶上两种无法收缩成点的闭合曲线。提示:克莱因瓶可以被视作圆柱侧面和莫比乌斯带的叠加,而这二者本来就不是单连通的。

　　克莱因瓶也不同胚于圆环面 T^2,因为 T^2 显然是分得清内侧和外侧的。更直白地说,T^2 是 3 维甜甜圈形的边界,而克莱因瓶的不可定向性决定了它不可能是某个流形的边界。这或多或少刷新了我们的认知,原来**并不是每个闭流形都是更高维流形的边界**。

　　需要说明的是,从平铺图上可以看出,克莱因瓶这个流形自身并不相交,但由于它古怪的黏合方式,当我们试图在 3 维空间中制造出实物模型时,总是无法避免圆柱的一端要穿过自身侧面才能与另一端黏合,于是就出现了本不存在的自身相交假象。

　　这可以说明,完全符合平铺图的对应 2 维实体,只能存在于 4 维或更高维的空间中,而无法嵌入 3 维空间中。这又是一个刷我们直觉认知的结论:n 维流形并非总能嵌入 $n+1$ 维空间中。

　　其实,边界认同还有许多种可玩的方式,比如将圆盘 B^2 的边界 S^1 全都认同成一点,那么 B^2 就变成了 S^2,这个过程跟将原本摊平的包子皮包成包子的过程一样。同样地,如果把 3 维球体 B^3 的边界 S^2 全部认同成一点,那就在 4 维空间里捏出了一个 S^3,被这个 3 维超球面包住的就是 B^4。

　　再比如,将立方体的上下面认同,前后面认同,左右面也认同,就会黏合出一个3维闭流形。依靠低维类比,我们不难推测,这个流形应该是类似 T^2 的3维形式,不过拓扑里没有 T^3 这个名字,要用一个看起来完全不同的名字 RP^3 来称呼这个3维流形。

虽然很难画出这个3维流形的整体示意图,但我们能够想象在其中行走的感受。就像电影《异次元杀阵》中的立方体空间一样,当我们从立方体的前门走出,就会从后门进入同样一个立方体。

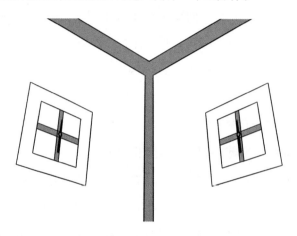

黏合这种流形的前提是必须同向黏合,如果在某些面与面黏合时采用扭转角度或者干脆反向的方式,将会创造出花样更多、性质也更为古怪的奇特流形。其中让脑洞大开的地方远比2维情况要丰富得多,相信未来肯定会有科幻作品将其展示出来。

3.3　不变量和不动点

拓扑不变量和不动点是拓扑几何中非常重要的内容。所谓不变量,是指那些不会随着流形的蠕动而变化的量。最典型的不变量就是**欧拉示性数**,一般用希腊字母 χ 表示。对 2 维流形,欧拉示性数的定义是:

$$\chi = V - E + F$$

其中,V 是顶点的数量,E 是棱边的数量,F 是面的数量。对于所有同胚于 S^2 的多面体,也就是能够吹鼓成球面的那些多面体,$\chi = 2$ 恒成立。而对于同胚于 T^2 的多面体,则有 $\chi = 0$。事实上,欧拉示性数与流形身上孔洞的数量存在更一般的关系,即对身上有 g 个孔洞的可定向流形来说,$\chi = 2 - 2g$。

注意,这个规律仅适用于由若干平面围起来的凸多面体,不适用于圆柱或半球形这样的形状。此外,有凹陷的形状也不一定适用。

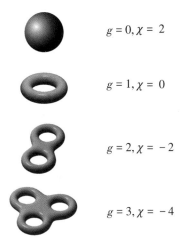

$g = 0, \chi = 2$

$g = 1, \chi = 0$

$g = 2, \chi = -2$

$g = 3, \chi = -4$

这些结论都不难证明。有兴趣的读者可以尝试从最简单的情形出发,逐步增加顶点、棱边和面的数量,在增加的过程中就会发现,χ 始终不变。

喜欢挑战的读者还可以尝试证明：莫比乌斯带和克莱因瓶的 $\chi = 0$。

除了欧拉示性数，还有许多拓扑不变量，其中一些与物理学有着非常紧密的联系，甚至是开启一整个理论分支的切入口，在本书后面的内容中会陆续涉及。现在让我们暂时结束不变量的话题，转头了解一下拓扑中的不动点。

请读者试着思考下面这个问题。小亮要去山顶看日出，他周一早上6:00从山脚的营地出发，一路走走停停，有时甚至会折返闲逛，终于在当天18:00登上山顶。

在山顶美美地欣赏了星空，又熬到周二凌晨，小亮如愿以偿地看到了日出。他在周二早上6:00沿着同一条路下山，一路上时急时缓，实在困乏的时候干脆就地休息，终于在周二18:00到达了山脚的营地。

请问，在这条山路上是否存在一点，满足周一和周二经过此点的时刻相同？

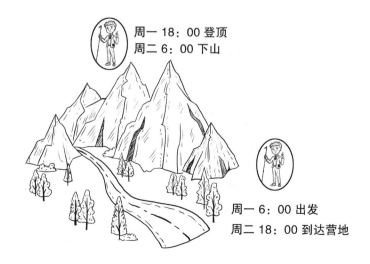

周一 18：00 登顶
周二 6：00 下山

周一 6：00 出发
周二 18：00 到达营地

这个问题初看似乎无从下手,因为小亮一路上的速度变化完全没有规律。可若是从拓扑的角度解读,就很容易发现答案是肯定的,必然存在至少一点,满足周一和周二经过此点的时刻恰好相同。

具体的证明思路十分简单,就是让另一个人在周二完全按照小亮周一上山的路线走一遍。这样一来,这个人和小亮一定会在某个地点相遇,而这个相遇的地点就是满足要求的点。

通过这个问题,我们可以了解到拓扑中的不动点。它就是一种能够判断其存在性,但是无法具体指出其位置的点。在大多数情况下,我们根本不关心那个点会出现在哪里,只是关心这种判定不动点存在的思想在各种问题中的应用。

把北京地图随意放在北京市内某地,那么地图上一定存在一点,满足此点所对应的实际地理位置恰好与地图上此点的位置重合。即使把地图画在橡皮膜上,再任意拉伸或扭转这张橡皮膜地图,不动点也依然存在。

这是一个 2 维流形上不动点的例子,其证明难度比小亮爬山那个 1 维流形的不动点要困难一些,这里不打算给出证明过程。不过,这个不动点的存在性是另一个有趣定理的推论,下面就来聊聊那个连名字都透着可爱气息的定理。

毛球定理:当 n 为大于等于 2 的偶数时,S^n 上的连续切向量场必有零点。读者不要被这句话唬住,它所叙述的内容其实非常直观,就是说你无法完全捋平一个长满毛的球面,定理的名字正是由此而来。

这种有趣的现象仅出现在偶数维的球面或超球面上，在奇数维的超球面或 T^2 等其他流形上，则不存在这种情况。长在圆环面 T^2 上的那些毛，就完全可以顺着一个方向捋得平平整整。

别看毛球定理如此直观易懂，通过它可以推理出许多神奇的结论。除了前面提到的 2 维不动点，下面这个例子更令人诧异。

想象宇宙深空中悬挂着一个点光源，由它射出的光，也就是电磁波，在行走相同一段时间之后，肯定分布在以光源为球心的球面上，而且球面上每一处的强度肯定也应该相同。毕竟球面上所有点的地位都平等，没有理由出现一个特殊的点。

此外，电磁波是横波，其振动方向与传播方向相互垂直，所以球面上每一处电磁波的振动方向都切于球面。而且我们也相信，球面上电磁波振动模式的分布应该是平缓连续的，相邻很近的两点之间不会出现很大的差异。那么根据毛球定理，球面上就必然存在零点。也就是说，球面上必然有光强度为零的特殊点。

简而言之，球面各点同相位，但凡有一点振幅非零则所有点都非零，而毛球定理却说，球面上必有振幅为零的点。这个出人意料的矛盾暗示着，若以 4 维时空为背景，恐怕无法 100% 完整描述电磁场行为。事实上，在本书后面的内容中会介绍，电磁场其实在某种意义上是一个 5 维的物理对象。

第 4 章

美妙的对称

对称性是认识自然的重要工具之一,所以有必要稍微深入地认识相关数学语言。请放心,本章出现的数学内容已经是全书抽象程度的峰值了,后面不会再这么"烧脑"了。至少不会再因抽象的数学而"烧脑"了。

4.1 真空中的球形奶牛

"真空中的球形奶牛"是科研学术圈中流传的一个"梗",揶揄理论物理学家们只会讨论最简单的理想情况。具体的出处已经无法溯源,大概的内容是,农场主发现奶牛产奶量下降,于是写信向理论物理学家求助,但理论物理学家给出的解决方案仅适用于真空中的球形奶牛。

理论物理学家们也喜欢用这个

"梗",因为它确实非常生动地体现了部分研究工作的精髓。真实世界的具体问题往往是复杂的,头绪众多且相互牵绊,而高手最擅长的就是分辨主次轻重,并能够准确地砍掉大量次要因素,迅速将问题简化到可以求解的程度,同时又不丢失最有价值的内容。

德国物理学家史瓦西正是利用了"真空中球形对称"的简化手段,给出了广义相对论方程历史上首个精确解,并由此发现了理论上黑洞的存在。为了纪念他的贡献,将黑洞视界半径称为"史瓦西半径"。

当然,对称性的价值绝不仅限于帮助研究者简化计算过程,它也是分析深层物理规律的重要途径。有时候仅凭借对称性这一个突破口,就能够产生实质性的认知跃升。

20世纪60年代被科学家们戏称为粒子动物园时期。那时候,实验研究者们接二连三地发现了上百种新粒子。起初的一些发现令人兴奋,可是隔三岔五就发现新粒子的局面,很快就使科学家们感到困惑和沮丧。

著名物理学家费米曾说:"如果我能记住所有这些粒子的名字,我早就去当植物学家了。"

费米,你这话是什么意思?你以为植物学家都是世界记忆大师?

后来,默里·盖尔曼和乔治·茨威格不约而同地注意到这些粒子中隐含的对称性,并分别独立提出了夸克模型。研究者们这才明白,原来有多种粒子都不是基本粒子,而是若干夸克的各种组合形式。夸克才是藏在那堆粒子身后真正的基本粒子。

事实上,时至今日,科学家们还未发现任何一个单独存在的夸克。而且在理论上,根据"夸克禁闭"机制,我们不可能制造出一个孤立的夸克。但这些都不妨碍聪明的物理学家们以对称性为武器,发掘基本粒子的奥秘。

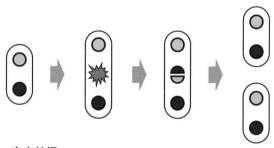

夸克禁闭:
掰开一对夸克所需要的能量足以产生新的夸克

从牛顿时代到近现代物理学,研究范式大体经历了 3 个阶段。

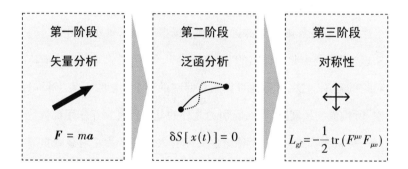

我们在中学时所学的受力分析和速度、加速度求解属于第一阶段,主要研究各种矢量;第二阶段的研究是以能量相关的泛函分析为核心,"力"的概念被放到一边,主要用拉格朗日量和哈密顿量来推导出运动方程;第三阶段的研究重点是对称性,这种转变在很大程度上归功于德

国杰出的女数学家埃米·诺特,她发现了对称性与守恒量之间的深刻关系。

诺特发现,**每一种连续对称性都对应着一个守恒量,反之每个守恒量也必然暗示着一种连续对称性**。空间平移对称性对应动量守恒,空间旋转对称性对应角动量守恒,时间平移对称性对应能量守恒,这些相对比较容易理解。但是电荷守恒所对应的对称性则隐蔽得多,物理学家颇费了一番力气才发现,它原来对应着量子相位对称性。

理论研究者不仅将已知的对称性作为理论武器,还创造新的对称性来构建新理论。后文介绍的"超弦理论",就是弦理论与超对称理论相结合的产物。其中,"超对称"是一种由物理学家提出的假设的对称性,至今尚未在任何实验中得到验证。但是由于这个理论在数学上展现了极具吸引力的美感,几乎所有弦理论研究者都愿意相信它是大自然中真实存在的对称性。

比超弦理论影响更为深远的,就是杨振宁和米尔斯提出的"杨-米尔斯理论"以及由此延伸出的"规范场论"。规范场论是可以比肩广义相对论的理论,它将对称性直接当作时空的附加"维度"。在"对称性×时空"所构成的扩展空间中,除引力之外的其他所有相互作用都被统一为同一种机制。另外,这个理论也支撑着人类迄今为止对微观世界最完整的认识——基本粒子标准模型。

关于杨-米尔斯理论和基本粒子标准模型,会在本书第9章中介绍。而超弦理论的相关内容,会从第10章开始陆续介绍。本章主要侧重引入描述对称性的基本数学语言。

▨4.2 描述对称性的数学语言

大约200年前,欧洲有两位天才少年,他们不约而同地开始探索"5次以上方程是否存在求根公式"这个问题,又几乎在相同时间,各自独立地创立了群论。

由于这个理论在当时过于超前,被搁置了许久都未受到重视。当新一代数学家们终于看懂了这个理论之后,它的威力点燃了近现代数学中抽象代数的"火种",并催生了后续一系列新的研究领域。如今,群论已经成为支撑数学大厦不可或缺的重要基石,也是物理学家研究对称性所使用的核心工具。

可惜的是,为人类做出如此巨大贡献的两位数学家都英年早逝,不仅没能亲眼见证自己的伟大成果被认可,而且在有生之年,他们的经历也比较坎坷。后世的学者追忆这段历史无不唏嘘。

挪威数学家尼尔斯·亨利克·阿贝尔出生于1802年,幼年家境殷实,但在他12岁那年突遭变故导致家道中落。这位天才少年19岁进入奥斯陆大学时就已经成了当地小有名气的数学家,但挪威远离当时的欧洲学术中心,他的才华一直没有得到应有的认可。

阿贝尔曾在挪威政府的资助下短暂游历德国和法国,但他在那趟旅行中并未引起"大人物"的重视,后来还感染了肺结核。当好友终于为他在柏林争取到一份教职时,未满27岁的阿贝尔却在信件寄到的两天前病逝。

兄弟,有工作了!

我累了,先"休息"了。

群论的另一位奠基人是法国数学家埃瓦里斯特·伽罗瓦,他出生于1811年,比阿贝尔小9岁。伽罗瓦的数学天赋惊人,他14岁才开始接触数学,15岁时阅读的相关书籍就已经相当于如今本科数学专业所学的部分内容。

然而,超高的天赋并没有在求学之路上帮到伽罗瓦,他从17岁开始连续两年报考当时法国最好的大学,却两次被拒之门外。相传,由于他在代数方面的思考远超同时代绝大多数的数学家,再加上他的思维极具跳跃性、语言表达能力欠佳,他在面试过程中几乎无法像其他普通考生那样顺畅地与考官交流——不是被考官无聊的问题激怒,就是懒得详细解释直接激怒考官。好在还是有主考官慧眼识珠,伽罗瓦最后进入了巴黎的另一所大学。

后来伽罗瓦不幸卷入一场决斗,自知凶多吉少的他在决斗前奋笔疾书,将自己的研究成果匆忙记录下来并交给好友。决斗中他身受重伤,后来不幸离世,终年未满21岁。

好友遵照伽罗瓦的嘱托,将整理出来的论文寄给了高斯和雅克比,但都杳无音信。直到14年后,这些论文才在刘维尔的推动下得以发表。

群论这样一个伴随着悲剧色彩的理论到底是什么样的呢?如果站在物理学家的视角来解释,我们得从什么是对称开始说起。

所谓对称,就是某对象在某些操作后保持不变。比如圆形绕圆心旋转之后不变,我们就说圆形有旋转对称性。此外,圆形以任意直径为轴翻转后也不变,所以圆形还有镜像对称性。可见对称性的要素就是操作,不能脱离操作谈论对称性。

一个规则图形往往对好多操作都有对称性。如果想完整地说出这个图形的所有对称性,就需要把所有操作都列举出来。以正三角形为

例,它的所有对称操作包括:

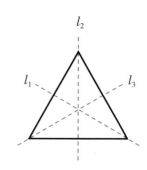

◎ e = 保持原地不动

◎ g_1 = 顺时针旋转 $120°$

◎ g_2 = 顺时针旋转 $240°$

◎ g_3 = 以 l_1 为轴镜像翻转

◎ g_4 = 以 l_2 为轴镜像翻转

◎ g_5 = 以 l_3 为轴镜像翻转

这个操作清单 $G = \{e, g_1, g_2, g_3, g_4, g_5\}$ 是一个很有规律的集合,其中任意两个元素的组合都仍然是集合中的元素。比如,$g_1 \circ g_2 = e$,$g_3 \circ g_1 = g_5$,$g_1 \circ g_3 = g_4$,这里的符号"$\circ$"表示两个操作的组合,顺序是先右后左,$g_i \circ g_j$ 代表先进行 g_j 操作,再进行 g_i 操作。

简略地说,这个操作清单 G 就构成了一个**群**,那个元素之间的组合运算被称为**群乘法**。很容易可以看出,群论是非常适合描述对称性的数学语言。为了在转换成代数运算之后仍保持严谨,数学上群的定义还要附加3个限制条件:

一是结合律,即 $(g_i \circ g_j) \circ g_k = g_i \circ (g_j \circ g_k)$;

二是存在单位元 e,对任意 g_i 都有 $g_i \circ e = e \circ g_i = g_i$;

三是每个元素 g_i 都有对应的逆元素 g_i^{-1},满足 $g_i \circ g_i^{-1} = e$。

根据上面完整的定义可以发现,G 的一些子集也可以构成群。读者可以自行检验,$\{e, g_1, g_2\}$、$\{e, g_3\}$、$\{e, g_4\}$、$\{e, g_5\}$ 这些子集都符合群的定义,它们都是群 G 的**子群**。但 $\{e, g_3, g_4, g_5\}$ 就不是一个群,因为 $g_3 \circ g_4 = g_2$,而 g_2 不在这个子集里。

不难看出,$\{e, g_3\}$、$\{e, g_4\}$、$\{e, g_5\}$ 这 3 个子群是相互等价的,它们体现了正三角形的镜像对称性,而 $\{e, g_1, g_2\}$ 这个子群则反映正三角形的旋

转对称性。**通过划分子群,可以把不同类型的对称性区分开来。**这种剥离过程与对整数进行因数分解很像,所以在数学上,也可以把一个群表述成若干子群的"积"。

$$G = \{e, g_1, g_2\} \times \{e, g_3\}$$

符号"×"所代表的群之间的运算,其实就是列表格。

	e	g_3
e	$e \circ e = e$	$e \circ g_3 = g_3$
g_1	$g_1 \circ e = g_1$	$g_1 \circ g_3 = g_4$
g_2	$g_2 \circ e = g_2$	$g_2 \circ g_3 = g_5$

正如整数可以进行因数分解一样,群也可以被拆分成若干子群的积。神奇的是,某些子群居然就是基本粒子的一种定义方式。也就是说,现代物理学认为宇宙中的物质和相互作用,整体上是一个大群,如果我们把这个大群比喻成一个整数,那么对它进行充分的"因数分解"之后,其中的一些"质因数"就是物理意义上的基本粒子。

需要补充说明一点,群的定义中并没有要求群乘法满足交换律。等边三角形这个例子中,群 G 确实不满足交换律,$g_4 \circ g_1 \neq g_1 \circ g_4$。

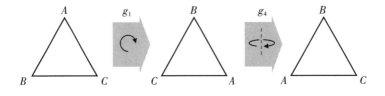

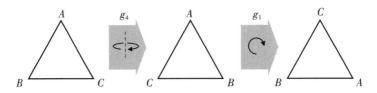

根据交换律是否被满足，群可以分成两类：满足交换律的群叫作**阿贝尔群**，不满足的则叫作**非阿贝尔群**。显然，群 G 本身是非阿贝尔群，但构成它的两个子群 $\{e, g_1, g_2\}$ 和 $\{e, g_3\}$ 都是阿贝尔群。

等边三角形的例子，是有限个元素的群。当我们遇到像圆形这种对称性超级好的对象时，可列出的操作清单将包含无限多项内容。对这种无限多个元素的群，给它取个简短的名字应该是明智的做法，至少可以节约纸笔。

借助先前的经验我们已经知道，圆形的对称性包含旋转对称性和镜像对称性。其中体现镜像对称性的群仍然是 $\{e, g_3\}$，尽管它不是重点，这里还是顺带提一下，它的正式名字叫作 2 阶循环群（Z_2），比如 $\{1, -1\}$ 对数乘运算就构成了 2 阶循环群。

真正的重点是体现旋转对称性的群，在 2 维空间里叫作 $SO(2)$ 群，即 2 维空间的特殊正交群。而对于 3 维空间中的球形奶牛来说，描述其旋转对称性的群就是 $SO(3)$ 群。以此类推，$SO(n)$ 群就对应 n 维欧氏空间的旋转对称性。特别的是，相对论时空虽然是 4 维的，但我们将其旋转对称群叫作 $SO(3, 1)$ 群，而不是 $SO(4)$ 群，因为时间维度与空间维度略有区别，具体将在本书第二部分介绍。

现在让我们仔细琢磨一下 $SO(2)$ 群中元素的样子。在 2 维平面上转动任意角度 θ 的操作，都是这个群的成员。可见，$SO(2)$ 群中的所有元素都只依靠一个连续取值的参数 θ 来决定，而且当 θ 跑出 $360°$ 之后又会回到起点。动用一下我们的抽象能力就可以认识到，原来 $SO(2)$ **群本身就是** S^1 **流形**。

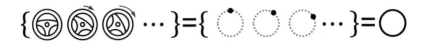

同样地，其他的$SO(n)$群也都是某种流形。

对$SO(3)$群来说，其中的每个元素都是3维空间中的转动操作，而每个操作又可以分解为绕x轴转动θ_x、绕y轴转动θ_y、绕z轴转动θ_z这3个部分，所以$SO(3)$群的每个元素都被θ_x、θ_y、θ_z这3个以360°为周期的独立参数控制，这说明**$SO(3)$群是3维流形**，具体来说是拥有不凡性质的RP^3。

还记得在第3章介绍拓扑理论中提到的《异次元杀阵》立方体吗？从天花板出去就从地板回来，从前门出去就从后门回来，从左边出去就从右边回来，这样一个永远逃不出去的房间，像是2维圆环面T^2的3维推广。$SO(3)$群所对应的RP^3就是这样的空间。

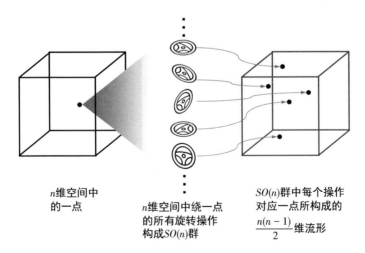

n维空间中的一点

n维空间中绕一点的所有旋转操作构成$SO(n)$群

$SO(n)$群中每个操作对应一点所构成的$\dfrac{n(n-1)}{2}$维流形

思考4维空间中的转动有一定的挑战性。2维空间中的转动轴是0维的点，3维空间中的转动轴是1维的线，由此可以推测出4维空间中的转动轴是2维的面。4个维度中选取2个维度共有6种选法,所以4维空间中存在6个相互垂直的轴面,也就是说 $SO(4)$ **群是6维流形**。其中的规律是 $SO(n)$ 群作为一个流形,是 $\dfrac{n(n-1)}{2}$ 维空间。

前面讨论的 $SO(n)$ 群,转动操作的背景空间都是 n 维实数空间,也就是我们最熟悉的由 n 个实数给出坐标的空间,数学符号记作 $\mathbb{R}^n$。它是经典物理的主场,却无法完整承载量子理论。量子系统的状态被定义为希尔伯特空间中的矢量,而所谓希尔伯特空间就是一种坐标值为复数的空间。在现代物理中,我们不仅要熟悉实数空间,还要了解**复数空间**。

n 维复数空间记作 $\mathbb{C}^n$,在复数空间中也存在旋转对称性,只不过复数空间中的旋转操作有个更文雅的名字——**幺正变换**。体现复数空间中幺正变换对称性的群叫作 $SU(n)$ **群,即 n 维特殊幺正群**。

与 $SO(n)$ 群相同的是,$SU(n)$ 群本身也是流形。但是与 $SO(n)$ 群拥有 $\dfrac{n(n-1)}{2}$ 个维度不同,$SU(n)$ **群有 n^2-1 个实参数,是实空间中 n^2-1 维流形**。按照这个规律,$SU(2)$ 群是3维流形,维度数量跟 $SO(3)$ 群恰好相同,不过二者并不同胚。$SU(2)$ 群同胚于 S^3,而 $SO(3)$ 群同胚于 RP^3。

$SU(3)$ 群有8个维度,在夸克之间传递强相互作用的胶子共有8种。这两个数量的相等并不是巧合,$SU(3)$ 群正是物理学家用来描述强相互作用的理论工具。

事实上,我们提到的复数空间旋转群都跟粒子物理有着非常直接的联系。$SU(2)$ 群对应弱相互作用,它的3个维度则对应传递弱相互作用的 3 种粒子,即带正电荷的 W^+、带负电荷的 W^- 以及电中性的 Z^0。

$U(1)$ 群对应电磁相互作用,它的 1 个维度对应着 1 种传递电磁相互作用的粒子——光子。前面的介绍中之所以略过了 $U(1)$ 群,是因为它很简单,是仅含 1 个参数的幺正变换。显然,它跟 $SO(2)$ 群一样就是平面内转动的棍子,所以 $U(1)$ 群同胚于实空间的 S^1。

4.3 纤维丛理论

纤维丛理论在物理和数学专业领域内是一个相当高级的名词,外行人听起来会感觉摸不着头脑。几年前,在某次以宇宙时空为主题的学术讨论会上,有位年轻人用充满挑衅意味的语气提问:"请问到底什么是时空,有人能笃定地回答我吗?"

当时,气质儒雅的肖恩·卡罗尔不慌不忙地笑笑,悠然地说了一句:"当然可以。按照物理学现在的理解,时空就是纤维丛。"看到提问者那张满是问号的脸,卡罗尔又微笑着说:"不过那只是物理学的视角,你尽管提出你的看法。"

那位年轻人后来全程都没再出声,我猜他大概在偷偷拿手机搜索什么是纤维丛。倘若他果真去维基百科里查询纤维丛理论,那他肯定会一头雾水,因为从数学定义中引入的概念实在太抽象了。

不过我们可以从另一种方式切入,虽然可能会牺牲一些严谨性,但是获取知识的坡度要平缓许多。

通俗地讲，纤维丛就是浑身长毛的流形。

纤维 →

底流形

　　将纤维丛看作浑身长毛的流形,这里的毛与第3章里提到的毛球定理中的毛不同。在毛球定理中,每根毛只是代表该点处流形空间内的矢量。如果流形有n维,那么其空间内每点的矢量不多不少恰有n个分量。

　　而纤维丛里的每根毛(也就是纤维)代表的内容更丰富也更抽象。一般来说,每根纤维本身就是一个新的流形,而且这个新流形的维度不受限制。也就是说,在n维底流形的每点处都安装了一个m维的新流形,m可以大于、等于或者小于n。不要被这种毛发的画法欺骗,纤维本身未必是1维的,事实上在绝大多数情况下都不是1维的。

　　需要说明的是,纤维丛局部看起来是"底流形×纤维"的样子,但即使所有纤维代表的流形是同种类型,我们仍然不能把整体纤维丛看作"底流形×纤维"。例如,底流形是S^1,每根纤维代表一个B^1,这个纤维丛可能是$S^1 \times B^1$这样的圆柱侧面,也可能是莫比乌斯带。

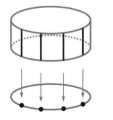

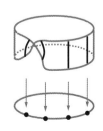

从这个例子能够看出,纤维丛理论的处理方式具有更大的包容性,这也正是物理学家喜欢这个理论工具的重要原因之一。现代物理学中,使用纤维丛理论的大体方式是将时空视为底流形,然后假想在时空中的每个点都派驻一位近视的观察员,在汇总每位观察员的报告之后,就形成了一套关于物理规律的理论模型。

根据不同观察员的报告,会有不同的纤维丛与之对应。非常自然的一种纤维丛是**切丛**,即底流形上每点处的纤维是该点的切空间。所谓切空间,就是近视的观察员根据自己周围一小片区域感受到的空间。

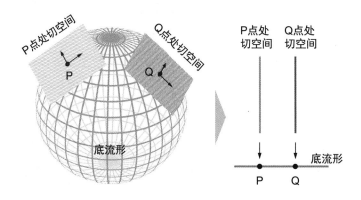

在球面 S^2 上,每一点的切空间就是切于该点的 2 维平面,就像生活在地球表面的我们,感觉大地是无限延伸的平面一样。对 4 维时空来说,虽然我们知道它在大尺度上是弯曲的,但是在近视程度严重的观察员看来,周遭还是平直的状态,所以切空间就是平直的 4 维时空。

虽然切丛是非常自然的纤维丛,但并不是物理学家最常用的工具。真正强大的武器是一种名为**主丛**的纤维丛,简单来说就是在底流形每点处安装群结构的纤维丛。我们已经知道,对称性操作构成的集合就是群,比如 $SO(n)$ 群、$SU(n)$ 群等,而这些群又相当于某种流形,可以作为纤维插在底流形上。由此不难理解，**物理学家眼里的主丛其实就是携带着对称性的时空**。

这里必须补充说明一下，对称性分为局域对称性和全局对称性。由于我们向时空中每一点派驻的都是近视的观察员，所以感受到的对称性都是局域对称性，而这也正是物理学家最关心的对称性。

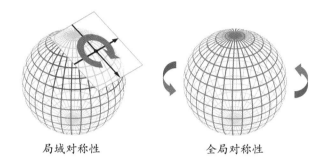

局域对称性　　　　　　　全局对称性

卡罗尔前面所言的"时空就是纤维丛"，是指携带着局域对称性的时空。在上一节结尾处已经提到，$SU(3)$ 群对称性对应强相互作用，$SU(2)$ 群对称性对应弱相互作用，$U(1)$ 群对称性对应电磁相互作用。把这 3 个对称性捏合到 $SU(3) \times SU(2) \times U(1)$ 这个群中，再将这个群当作纤维插在时空上，由此构成的纤维丛就是当今基本粒子标准模型所描述的世界。在这个框架中，3 种力拥有相同的机制和起源，被统一在了一起。

需要说明的是，标准模型里的 $SU(2) \times U(1)$ 是指宇宙早期弱相互作用和电磁相互作用尚未分家时的统一对称性，其中的 $U(1)$ 在后来的分家过程中已经消失了。旧的 $U(1)$ 消失后，又产生了一个新的 $U(1)$ 对称性，而这个新的 $U(1)$ 对应现在的电磁相互作用。所以标准模型里的 $U(1)$ 和如今电磁场里的 $U(1)$ 虽然看起来很像，但是细究起来并不相同。

前者是亲生的,后者是领养的。

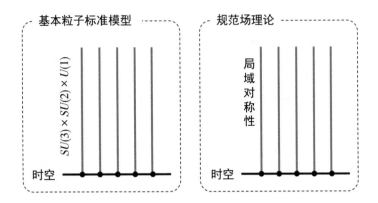

标准模型理论如此优雅,以至于许多研究者都因袭这个路线,尝试将各种新的群结构插在时空底流形上,以期发现新的物理内容。所有这类基于局域对称性构建纤维丛的理论,统称为**规范场论**。

广义相对论的情况有点复杂,因为这个理论有许多不同的表述方式。我们只能说,当表述形式满足 $SO(3,1)$ 群局域对称性时,所描述的引力场是规范场。

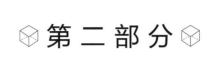

第二部分

经典物理时空

P A R T ▶▶▶▶ 0 2

您在
这里

第一部分　　　第二部分　　　第三部分　　　第四部分

数学名词
和概念　　　完全能说清的部分　基本能说清的部分　不太能说清的部分

物理学所认知的时空

闵可夫斯基时空

光速为什么是速度的上限？为什么运动的尺子会变短，时钟会变慢？狭义相对论到底说了什么？本章就是狭义相对论教程极速版，也是开启认识宇宙时空之旅的起点。

5.1 狭义相对论新解

1905 年，爱因斯坦发表了狭义相对论，该理论基于两条基本假设：**光速不变原理和相对性原理**。也就是说，在任意惯性参照系中，真空光速为恒常数，而且物理定律表达式在所有惯性参照系中形式相同。相对性原理还比较容易接受，而光速不变原理总是会使初学者感到有些突兀，即使在 100 多年后的今天，仍然有许多人不得要领，甚至对此充满误解。

经过一个多世纪的发展，现代相对论研究者们早已认识到，作为时空速度上限的那个常数，虽然因袭历史习惯仍被称为真空光速，但从理论机制上来说与电磁波没有任何关系，它只是**相对论时空本身具有的**

纯几何性质。即使宇宙中压根不存在电磁相互作用,我们所处的时空依然会存在这个速度上限。引力波的传播速度亦为真空光速就是佐证。

至于为什么这个速度上限恰好等于真空中光子的传播速度,那是因为光子生性飘逸健行,能够在时空所允许的限速范围内一直擦边"飙车"。其实不仅是光子,所有静质量为零的粒子都有这个本领,它们在时空中的行走速度都能达到光速。

我们当然没有必要苛责爱因斯坦当初开创理论时在阐释方面的瑕疵,但也没有必要亦步亦趋地重复那些百余年中历经的弯弯绕的摸索过程。站在今天的视角,我们完全可以从更合理的起点出发,抄近路快速完成学习过程。现在就让我们扔掉老生常谈的光速不变原理和相对性原理这两条假设,换条捷径认识狭义相对论所描述的时空。

狭义相对论的本质就是几何学,更确切地说就是 1 个时间维度与 3 个空间维度共同构成的 4 维时空的几何学。这个 4 维时空虽然有许多奇特的性质，但核心的理解要点只有两条：

● 时间维度与空间维度平权，但并不完全相同；

● 勾股定理仅适用于空间距离的计算，而时空中的距离有新的定义方式。

有一种很糟糕的解读——时间维度就是第4个空间维度，这是早期相对论科普作品中一种普遍的说法，也是许多误解的发端。从最朴素的物理思想出发，时间与空间的量纲不同，"3秒+5米"根本就得不出有意义的答案，怎么能说时间维度和空间维度是一回事呢？

如何解决这个问题？方法很容易想到，只要给代表时间的数值乘以一个固定的常数，再让这个常数具备速度的量纲，就可以让携带常数的时间维度与空间维度的量纲相同了。

所以，"时间维度与空间维度平权"这句话不能乱说，一旦承认了这句话，所导致的直接结果就是必须承认存在一个具备速度量纲的常数，而它是时间维度必不可少的系数。至于这个常数具体取值多少并不重要，它的存在只是为了完成量纲转换的任务。

那么它为什么一定是一个固定的常数呢？试想，如果用2倍速播放一部电影，电影中的人物根本不知道他自己处在倍速状态。同样的道理，如果我们所处的时间流加速、减速甚至暂停，我们也会因身处其中而无法感知。

而如果宣称时间维度与空间维度转换的这个系数会随着时间变化,那其实就等价于本身不均匀的时间轴乘以恒定的常数。对于被时间流裹挟着的世间万物来说,这就是一种无意义的多余设定。

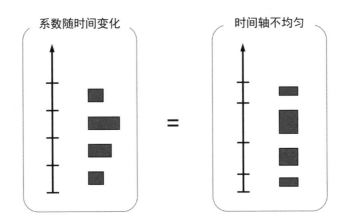

当然,关于时间跨度的均匀性,还有更大的讨论空间。曾有个别严肃的研究课题,就是以可变的 c 为出发点的。但是那些讨论有节外生枝之嫌,为了保持话题收敛,我们姑且以实验观察结果为依据,认定这个捆绑在时间维度上的系数就是常数 c，与空间维度 x、y、z 平权的时间维度就是 ct。

请注意，这里在使用符号 c 时，并没有提及光速，也没有说速度上限，在后面抽丝剥茧的过程中，我们才会逐步理解，这个常数 c 正好就是时空速度的上限，也就是那个在所有惯性参照系中数值都不变的光速。

这个由 ct、x、y、z 共同张成的 4 维时空与 4 维欧氏空间有许多相似之处，它们都是处处曲率为零的平直空间，这意味着身处其中的矢量可以放心大胆地随意平移。正因为非常相似，所以这类空间在数学上也被称为伪欧氏空间。

不过，物理学家极少使用伪欧氏空间这个名词，他们更习惯称其为**闵可夫斯基时空**，简称**闵氏时空**。它与 4 维欧氏空间的主要区别是，**距离的定义方式不同**。

在我们熟悉的欧氏空间中，两点之间的距离 Δs 满足：

$$(\Delta s)^2 = (\Delta x)^2 + (\Delta y)^2 + (\Delta z)^2 + (\Delta w)^2$$

其中，Δx、Δy、Δz、Δw 是这两点在 4 个坐标轴上的坐标差。

可是在闵氏时空中，两点之间的距离 Δs 则满足：

$$(\Delta s)^2 = (c\Delta t)^2 - (\Delta x)^2 - (\Delta y)^2 - (\Delta z)^2$$

其中，Δt、Δx、Δy、Δz 是这两点时空坐标之差。

最早这样描述相对论时空的人是爱因斯坦的大学数学老师闵可夫斯基，这正是闵氏时空命名的由来。通过距离计算公式中正负号的差异，我们能清楚地看到时间维度与空间维度并没有被同等对待，它们在距离的计算上提供了完全相反的贡献。

在欧氏空间中，所有分量对距离的贡献方式都一致，无论在哪个维度上增加距离,结果都会使两点之间的总距离增大。可是在闵氏时空中,只有当时间间隔 Δt 变大时,才会使 $(\Delta s)^2$ 增大,而当空间间隔 Δx、Δy 或 Δz 变大时,$(\Delta s)^2$ 反而会变小。

相信此刻有些读者会对此感觉不适应。没关系,这是正常的"高原反应"。因为我们正在面对一种全新的几何空间,而且它的抽象程度确实比较高。克服这种"高原反应"的第一步,就是尽量耐心地重建基本概念,以防老式概念和惯性思维对新图像的干扰。

幸好,学习闵氏时空所需要重建的概念只有一个,那就是 Δs 这个量所代表的"时空间隔"。虽然它看起来与传统几何中"空间距离"的概念非常像,但它们本质上是两种性质迥异的对象。

5.2 时空间隔

刘慈欣写过一部短篇小说《朝闻道》,讲的是人类建成了一座巨大的加速器,正当要启动这座加速器的时候,外星人突然现身阻止。外星人告诉人类,一旦这个加速器成功运行,将会引发真空衰变,宇宙中的一切都会被毁灭。人类问外星人是从何时开始注意到地球的? 那位外星人回答,早在几十万年前,当地球上的某个原始人开始仰望星空的时候,他们就已经知道这一天早晚会到来。

这个故事让我感动了许久。我小时候也经常躺在草地上痴痴地看向浩瀚的星空,正是那份与生俱来的好奇心,驱使着我认识了天上的88个星座,也知道了宇宙中各种天体的名字。那时,北方小城的夜晚没有太多灯光,在秋季晴朗的夜晚,常有机会在格外醒目的 W 形星座里找到一个小亮点,那是仙后座 V762。它大概是人类肉眼所能看到的最远的恒星,距离地球超过 1.6 万光年。

每当看到那一丝微光,我都不禁想到,那束光出发时,地球上的人类还处在旧石器时期,过着茹毛饮血的生活,然而当那束光到达地球时,人类的文明已然经历了数次沧桑巨变。除了感慨人类之渺小和宇宙之浩瀚,我也朦朦胧胧地感受到了空间距离和时间距离的紧密相伴。只有理解了时空间隔,才能深切感受宇宙的深邃和奇妙。

我们可以说出某个物体在空间中的坐标,但无法确定这个物体在时空中的坐标。因为一个物体即使完全不移动位置,也会持续经历时间的流逝,它的时间坐标一直在变化。因此每个物体在时空中对应一条线,术语称这条线为**世界线**。

对于时空中的一个点,我们称之为**事件**。一般来说,新闻里播报的事件都发生于某个时刻及某个空间位置。而在相对论语境下的事件,未必有什么新闻价值,甚至未必是真的有什么事发生,它可能仅仅是指某物体在某时刻处于空间中的某个位置。

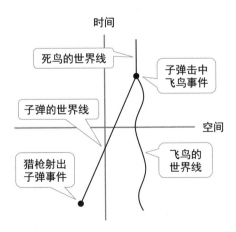

　　一条世界线一定是由这条线上的若干点,也就是若干事件组成的集合,但是时空中任意两个事件之间未必一定存在世界线。如果两个事件之间有一条世界线,则说明有某个物体先后经历了这两个事件。更直白地说,能够被一条世界线串起来的事件,其先后顺序是绝对确定的,在任何参照系中都拥有相同的时间排序。

　　也许有读者会感觉上面这段话既拗口又"烧脑",对习惯了牛顿式绝对时空的人来说,相对论时空观确实显得很别扭,思考问题就像踩在滑板上举重,总感觉逻辑推理的出发点不够结实可靠。正如梁灿彬老师所说,相对论的精髓虽然是"相对"这两个字,但学好相对论的关键是把握好理论中的绝对量。两个事件间的时空间隔Δs,恰恰就是狭义相对论中非常重要的绝对量。

　　Δs 显然是一个4维时空中的矢量,就像3维空间中两点之间的位移矢量一样。我们可以借助某个坐标系来写出这个矢量的4个分量,在不同的坐标系中各分量肯定也会有所不同,但是这个矢量本身是不依赖于任何坐标系的客观对象,它的一些固有属性不会随着坐标系的变化而变化。就像一根悬挂着的铅笔,用灯光从不同角度照射,会产生长短不同的投影,但铅笔本身的长度不会随着照射角度的变化而变化。

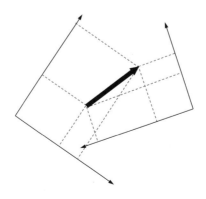

相同的道理,Δs 的长度也是一个绝对量,不依赖于坐标系的选择。但是这句话稍微有些不妥,主要问题出在"Δs 的长度"这个概念上。由于闵氏度规的特殊性,$(\Delta s)^2 = (c\Delta t)^2 - (\Delta x)^2 - (\Delta y)^2 - (\Delta z)^2$,我们很容易可以发现对某些时空间隔矢量存在 $(\Delta s)^2 < 0$ 的情况。这时 Δs 的长度就成了虚数,而"虚数距离"又让人产生了新的陌生感。

为了回避这个小麻烦,同时还保留"长度不变"的核心意义,我们索性说,$(\Delta s)^2$ **是不依赖于坐标系选择的绝对量**。其实在数学上,$(\Delta s)^2$ 就是矢量 Δs 与自己的内积,是一个标量。在欧氏空间中,一个矢量与自身做内积,所得的标量就是矢量长度的平方,它显然也是一个与坐标系无关的量。于是,我们在闵氏时空中也使用这个内积,$(\Delta s)^2$ 虽然可正可负,但无论正负都是不随坐标系的改变而改变的绝对量。

了解了矢量长度之后,我们再来聊聊矢量旋转。跟欧氏空间一样,闵氏时空中的旋转操作也是保持长度不变的操作。不过,刚刚已经解释了为何避讳使用长度概念,所以这里应该说,旋转操作就是保持 $(\Delta s)^2$ 这个量不变的操作。

为了便于画图,先把 3 个空间维度压缩到 1 个维度里,再把矢量 Δs 的尾端平移到坐标原点,直接用符号 s 表示,它在时间轴和空间轴上的分量分别写成 ct 和 x,在闵氏度规下,就有 $s^2 = (ct)^2 - x^2$。

观察这个式子会发现,对固定的 s^2 来说,这个式子所描述的是在 $ct{\sim}x$ 平面上的双曲线。这就有趣了,**闵氏时空中的矢量转动轨迹是双曲线而不是圆!** 双曲线的两条渐近线是 $ct = \pm x$。

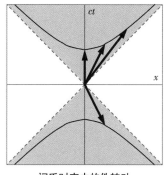

闵氏时空中的伪转动

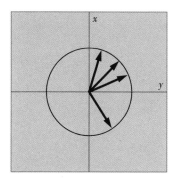

欧氏空间中的矢量旋转

为了区别于欧氏空间中的转动,专业教科书上把$ct\sim x$平面上的这种转动称为**伪转动**。但是本书主打感受大于严谨,所以仍然厚着脸皮称其为转动。

在《西游记》里,孙悟空拿着金箍棒在地上做了个旋转操作,就能画出一个圈来保护唐僧。现在想象一下,孙悟空蹲在$ct\sim x$平面的原点处,他手里的金箍棒是长度固定的矢量,当他拿着金箍棒的一端旋转时,金箍棒的另一端所画出的轨迹竟然是双曲线。

神不神奇?
惊不惊喜?
意不意外?

更为神奇的是,孙悟空发现在$ct\sim x$平面内,有些区域是金箍棒无论如何旋转都无法到达的地方。即使动用法力让金箍棒伸长或者缩短,哪怕长度变成负数,只要金箍棒长度的平方还是正数,就只能被限制在下图中的灰色区域内。

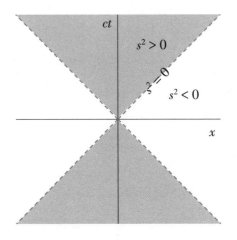

在体会这个比喻的时候,希望读者时刻注意其中可能引发的误导之处。强如斗战胜佛也无法在时空中蹲在一点,时空里的一点代表事件而不是某物。金箍棒的长度也不是空间距离,而是事件之间的时空间隔。闵氏时空并没有像欧氏空间那样禁止 $s^2 < 0$ 的间隔方式。不过,如果金箍棒代表一条世界线的话,则要求 $s^2 > 0$ 必须被满足。下一节将会解释其中的原因。

5.3　光锥和时序

同一条世界线上的两个事件,为什么其时空间隔必须满足 $s^2 > 0$ 呢?为了说清楚这一点,我们请出小明和小亮两位同学帮忙演示。两位同学乘坐火车去旅行。小明是个"瞌睡虫",刚上火车就在座位上酣然入睡了。他醒来时,发现小亮没有上车,被留在站台上了。

在小亮的参照系中,乘火车飞驰而去的小明是一条世界线。小明入睡和醒来是两个事件,对应世界线上的两点,其间的时空间隔矢量 s 是这条世界线的一部分。s^2 是这段世界线长度的平方。

而在小明的参照系中,他的位置坐标始终没有变化,矢量 s 笔直地沿时间轴延伸。注意,这两个参照系中的矢量 s 是同一个时空中的同一个矢量,只是呈现在不同参照系统的形态不同而已。

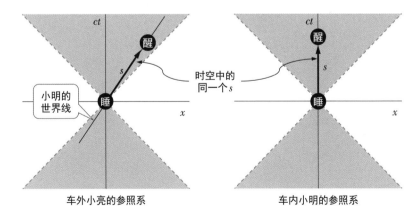

车外小亮的参照系   车内小明的参照系

如果小明所感受到的睡眠时长是 τ_M,那么两个参照系中的矢量 s 都应该满足 $s^2 = (c\tau_M)^2$。别忘了,s^2 是与参照系无关的绝对量。因为睡眠

时长 τ_M 一定是实数,所以在小亮的参照系中必然有 $s^2 > 0$。

理解了上面这个例子之后,就能够理解更一般的结论:**世界线上任意两点之间的时空间隔都必然保证 $s^2 > 0$**。因为既然世界线是某个物体在时空中的轨迹,那么串在同一条世界线上的任意两个事件,肯定都由这个物体亲身经历。由此可知,在这个亲历者自己的随动参照系中,两个事件之间的时空间隔就成了时间跨度,它的平方肯定是正数。其实,**亲历者所感受到的时间跨度,恰好就是自己这条世界线的线长**。

时空中,这片由 $s^2 > 0$ 所限定的灰色区域被称为**光锥**。如果一个事件位于另一个事件的光锥之内,则意味着这两个事件可以被一条世界线串起来。也就是说,这两个事件的先后顺序在任何参照系中都是确定的。我们称这种情形为两个事件**类时间隔**。反之,如果一个事件在另一个事件的光锥之外,则说明在不同参照系中,这两个事件的发生顺序可能不同,它们之间就不可能存在因果联系。这种情形被称为**类空间隔**。

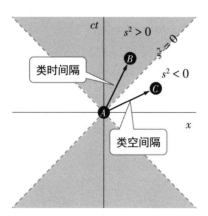

上图中的事件 A 与事件 C 之间就是类空间隔,二者之间不可能存在一条世界线。如果有哪个人胆敢声称他既经历过事件 A,又经历过事件 C,那么我们根据理论就可以推算出他在两个事件之间感受到的时间跨

度是一个虚数。他要么是会量子隧穿的电子,要么是说谎的骗子。

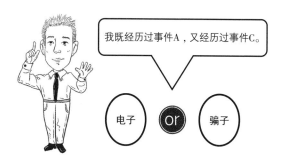

我既经历过事件A,又经历过事件C。

电子 or 骗子

没错,量子隧穿过程中,电子所经历的确实是虚数时间。不过,隧穿现象不在相对论所覆盖的范围内,此处我们还是聚焦经典理论范围,把量子相关的话题留到本书后续的内容中去讨论。

事件A与事件B之间是类时间隔,先A后B的发生顺序在任何参照系中都是一致的,只是不同参照系中所看到的时间间隔会有所不同。在前面小明坐火车的例子中,关于小明先睡后醒的顺序,没有人会质疑,但小明自己所记录的睡眠时长τ_M和车外小亮所观测到的时间跨度τ_L是两个不同的数值。这种由于参照系相对运动所造成的差异,就是**动钟变慢**效应。

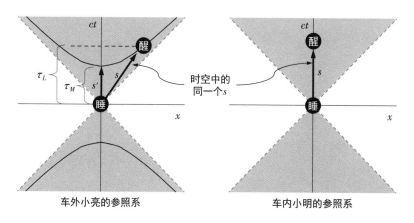

车外小亮的参照系   车内小明的参照系

上图简明直观地解释了动钟变慢效应。需要留意的是，在小亮的参照系中，从矢量 s 向矢量 s' 做长度不变的旋转时，矢量末端要沿双曲线移动，然后就会看到，$\tau_L > \tau_M$。也就是说，小亮觉得自己的时钟比运动着的小明手上的时钟走得更快。

从下图中可以看到，动钟变慢效应的另一种几何直观解读是，一段世界线在时间轴上的投影比这段世界线本身还要长。所以，对时间轴上的两点来说，直线是所有世界线中最长的。

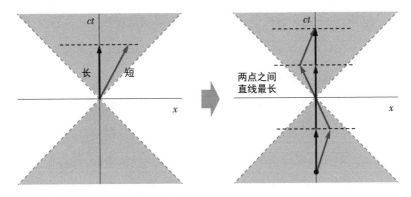

最后，让我们填上本章开头挖下的"坑"，即从时空几何的角度来理解为何要存在速度上限。在时空坐标中，**我们日常观念里的物体运动相当于世界线的倾斜**。运动者相对于观察者的速度 v，与两条世界线夹角 θ 的关系是 $v = c\tan\theta$。$s^2 > 0$，限定了 $\theta <$ $45°$，所以 c 就成了观察者参照系里的速度上限。如果物体运动速度超过这个速度上限 c，运动者的世界线将延伸到观察者的光锥之外。

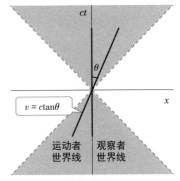

顺带提一下,曾有一种说法,"超光速旅行能够使时间倒流",这显然是错误的。现在我们知道,如果以大于 c 的速度运动,就会导致 $s^2 < 0$,旅行者将经历的是虚数时间,而不是负向时间。

物质与时空

如果抱持着朴素的观念，将时间和空间视为舞台，将物质和能量视为演员，那么万物的运行规律就是这场宇宙大戏的剧本。本章就通过几个主题来介绍大自然创作剧本的基调。

6.1 最小作用量原理

不知你是否意识到，当我们在时空中将物体画成一条无限延伸的世界线时，这条线其实代表了物体在所有时刻的位置和运动状态，包括那些尚未到来的时刻。

1814年，法国数学家拉普拉斯在一本讲述概率论的书里提出，如果有一个超级智能体既知晓当下每个粒子的位置和运动状态，又知晓所有相互作用的精确公式，那么对这个超级智能体来说，未来就可以像过去一样明确无疑地展现在它眼前。后人将这个超级智能体称为"拉普拉斯妖"。近年来，在科普作品中，"拉普拉斯妖"常与"芝诺的乌龟""麦克斯韦妖"和"薛定谔的猫"并称为物理学四大神兽。

拉普拉斯妖是决定论的典型代表,这种观念在牛顿力学时代就已经渐成主流。相对论的诞生虽然颠覆了绝对时空观,却没有撼动决定论。直到量子理论的出现,人们才认识到基本粒子层面不可消弭的随机性。纵使拉普拉斯妖拥有完整的信息和无穷的算力,也无法算出一只处于既死又活叠加态的"薛定谔的猫"到底会坍缩到哪个状态。

当然,量子理论只是斩断了最极端的决定论观念。作为一种物理学理论,即使它拥有超脱经典图像之外的内禀随机性,也总得确定无疑地遵循某些运动和演化规律,否则根本无法提供任何关乎客观世界的预言能力,也就不能被称为科学理论了。其实,除量子测量之外的波函数演化过程依然是确定性的。

完全没有接触过量子理论的读者可能会对上面一些名词感到陌生,关于量子力学的相关内容,在本书的第8章会具体介绍。此处提起,只是为了说明站在时间维度之外寻求运动和演化规律一直是物理学的重要部分,即使是量子理论领域也概莫能外。

牛顿力学和相对论都乖乖遵循的运动规律,就是**最小作用量原理**。在本书第4章介绍对称性时曾提到,物理学发展至今经历了以矢量分析为中心、以泛函分析为中心、以对称性为中心这3个主要阶段。最小作用量原理就是第二阶段的助推力来源。

一个物体所携带的能量可以分成两类:由所处空间位置决定的能量是势能,由运动速度决定的是动能。动能与势能之差,叫作**拉格朗日量**(简称拉氏量),一般用字母 L 表示。拉氏量在一段时间内的累积,就是作用量(一般用 S 表示)。用数学语言来表示拉氏量与作用量之间的关系,即 $S = \int L dt$。

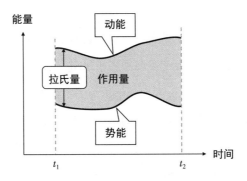

这里面比较难理解的是拉氏量。如果把能量比喻成资产,那么动能相当于现金,势能则相当于债权,两者的和就是资产总额,至于两者之差,只能理解成某种财务健康或自主性方面的指标。

拉氏量的指标虽然抽象,但格外好用,由它可以程序化自动生成运动方程。还记得中学物理考试试卷中那些复杂的压轴题吗?各种小块乱滑、小球乱滚,足以让人分析到头秃。

如果祭出拉氏量,那些力学问题的解决方案就都变成了固定的套路:先写出动能和势能的表达式,从而得到拉氏量的表达式,然后套用一个名叫"欧拉–拉格朗日方程"的偏微分方程,最后求解运动方程。拉氏量之于复杂力学题,就像二元一次方程组之于小学时的鸡兔同笼问题,属于绝对的降维打击。

"欧拉-拉格朗日方程"简写为 EL 方程,本质上是牛顿第二定律 $F = ma$ 的高配升级版。这个新版本适用范围广,更重要的是它**抹去了"力"在动力学中的核心地位,将动力学问题转化为能量与时空之间的关系**,而"力"则退为从属于势能的概念,是势能随空间位置而变时的变化率。

问题	弹簧上的简谐振动问题	鸡兔同笼问题
求解目标	质量为 m 的木块挂在弹性系数为 k 的弹簧上会如何运动	笼中有 22 只脚、8 个头,问鸡、兔各有几只
步骤一:无脑设	动能: $T = \dfrac{1}{2}m\dot{x}^2$; 势能: $V = \dfrac{1}{2}kx^2$	设有 x 只鸡、y 只兔子
步骤二:无脑列	$L = \dfrac{1}{2}m\dot{x}^2 - \dfrac{1}{2}kx^2$ EL方程:$\dfrac{\partial L}{\partial x} - \dfrac{\mathrm{d}}{\mathrm{d}t}\dfrac{\partial L}{\partial \dot{x}} = 0$	$\begin{cases} 2x + 4y = 22 \\ x + y = 8 \end{cases}$
步骤三:无脑算	$x = A\sin\left(\sqrt{\dfrac{k}{m}}\,t\right)$	$\begin{cases} x = 5 \\ y = 3 \end{cases}$

看不懂表格内容的读者不用着急,本书并不是希望读者掌握具体的使用方法,只是用这个具体示例来展示程序化套路的存在。

至于为什么"欧拉-拉格朗日方程"成立,这相当于问为什么 $F = ma$,答案就是最小作用量原理。

数学上表述最小作用量原理的式子很简单,就是 $\delta S = 0$,但要解释这个式子则需要动用一些术语。首先明确求解的目标是运动,也就是位置与时间的函数关系 $x(t)$。这个函数显然决定了速度 $\dot{x}(t)$,继而决定了动能和势能,所以整个作用量 S 等于 $\int_a^b L(t, x, \dot{x})\mathrm{d}t$ 这个积分结果,就是完全由 $x(t)$ 这个函数所决定。

$S[x(t)]$为泛函,也就是函数的函数。普通的函数是从数到数的映射,泛函则是从函数到数的映射。而泛函的变分δS,就如同函数的微分,是指$x(t)$微微变动成$x(t) + \epsilon(t)$时S所产生的变化。

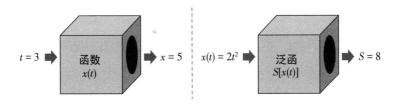

上面这段话的主要作用是,熟练背诵之后可以直接掌握计算步骤,但很难透过这些术语看出其物理含义。有人曾问我:"最小作用量原理的本质是什么?"当时因为我实在找不到合适的语言表述,只好故弄玄虚地回答:"上帝很懒。"这个过于笼统的说辞,其实并没有传达出最小作用量原理的真正内涵。如果现在让我回答这个问题的话,我大概会给出如下答案。

宇宙中所有的物体都是"守财奴",尽力维护自己的动能,不愿意转化成势能,所有能量转化都是在某种不得已的情况下被迫发生的。正是出于这个原因,时空中的能量密度一直处于一种"绷紧"的状态,就像肥皂水膜在各种形状的闭合环路上总是绷紧一样。总之,能量具有守住现有能量形式的"惯性"。

这只是一种比喻。在牛顿力学的框架中,惯性只与质量相关。然而在相对论的框架中,质量与能量成了同一种东西,牛顿第一定律即惯性定律,原来只是包含在最小作用量原理中的一种特殊情况而已。

6.2 质量、能量和动量

狭义相对论的核心是关于平直时空的几何学,但随着人们对时空观念的改变,对一些物质属性的认知也受到了影响,其中最著名的就是质量与能量的关系:$E = mc^2$,其中 E 代表能量,m 代表质量,c 代表光速。这个质能方程使爱因斯坦成了社会名流。

论学术精英到社会名流的华丽转身。

这个理论不仅简洁、优雅、深刻,还给人一种幡然醒悟的感觉。即使完全不了解相对论的人,也会在秒懂其含义的同时,被这种自然之美深深吸引。

不过,颠覆性的认知难免伴随着诸多传统概念的重新审视。既然能量就是质量,那么同一物体处于不同运动速度时就具有不同的质量,因为速度不同会导致动能不同。这种由能量定义的质量 $m = E / c^2$,被称为**相对论性质量**。当静质量为 m_0 的物体以速度 v 运动时,其质量 m 就会随速度的增大而增大。

$$m = \frac{m_0}{\sqrt{1 - \dfrac{v^2}{c^2}}}$$

这种因参照系变换而改变的质量定义令一部分物理学家感到不

爽。物理学家朗道就立场鲜明地反对使用这种质量定义方式,他认为静质量是唯一合理地定义质量的方式,不应该把相对论性质量视为真正的质量。

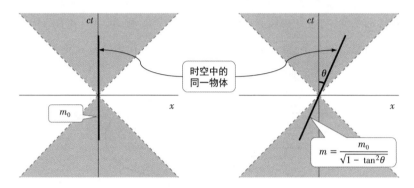

许多物理学家与朗道持相同的观点,他们认为静质量 m_0 才是真正意义上的质量,而由运动所产生的那部分能量,应该仍然以运行相关的方式呈现。所以他们不愿过多地使用 $E = mc^2$ 这个关系式,反而更乐意使用 $E^2 = m_0^2 c^4 + p^2 c^2$,其中 p 是动量。

$$p = mv = \frac{m_0 v}{\sqrt{1 - \dfrac{v^2}{c^2}}}$$

可以看出,两种质能关系在数学上是等价的,但第二种表述方式强调了质量不依赖于参照系,而且更能兼容牛顿力学时代的传统认知。事实上,当静质量贡献远大于运动贡献,即 $m_0 c^2 \gg pc$ 时,存在如下近似关系。

$$E = \sqrt{m_0^2 c^4 + p^2 c^2} = m_0 c^2 \sqrt{1 + \frac{p^2}{m_0^2 c^2}} \approx m_0 c^2 + \frac{p^2}{2m_0}$$

其中,由运动额外产生的动能项 $\dfrac{p^2}{2m_0}$,就回归到了牛顿力学中的动能定义。

$E^2 = m_0^2 c^4 + p^2 c^2$ 这个形式还有另外一个好处,即移项并使用 $p^2 = p_x^2 + p_y^2 + p_z^2$ 就会得到:

$$m_0^2 c^2 = \frac{E^2}{c^2} - p_x^2 - p_y^2 - p_z^2$$

这个形式使人联想到:

$$(\Delta s)^2 = (c\Delta t)^2 - (\Delta x)^2 - (\Delta y)^2 - (\Delta z)^2$$

二者并不是形式上的巧合,而是背后有相通的关联。正如 $(c\Delta t, \Delta x, \Delta y, \Delta z)$ 是代表时空间隔的4维矢量一样,$(E/c, p_x, p_y, p_z)$ 也是闵氏时空中的4维矢量,从它的空间分量就可以猜出,它代表时空中的 **4维动量**,是一个不依赖于参照系选择的矢量,其自身内积在所有参照系中都是 $m_0^2 c^2$。

能量 E 是4维动量在时间方向上的分量,会因参照系的不同而有所变化。反倒是静质量 m_0,不仅不随参照系的选择而变化,而且有明确的物理意义,即这个4维动量的"长度"。质量、能量和动量,通过闵氏时空4维动量紧密地联系在了一起。

从上述内容中可以看出,在处理4维时空中单体动力学问题时,使用 m_0 比使用相对论性质量 m 更为清晰便捷。不过,在其他一些场合,赞成使用相对论性质量的物理学家也不少。几乎所有粒子物理和高能物理领域的学者都认为,$m = E/c^2$ 是对质量最恰当的定义,尤其是当系统中存在大量内部相互作用时,系统总质量的相当一部分都来自这种内部相互作用。

当我们将托在手中的两个铅球慢慢向彼此靠近时,因为两个铅球之间的引力势能逐渐减小,所以这两个铅球系统的总质量也会略微降低。铅球系统中这种质量的降低,微弱得几乎无法测量。

但如果考察质子或中子的质量就会发现,其质量远大于构成它的3个夸克的质量。事实上,中子或质子质量的绝大部分都源自3个夸克之间的相互作用,而不是夸克本身的质量。

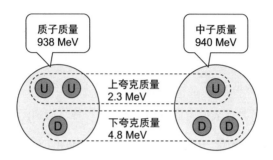

更重要的是,由于存在质量与能量的转化过程,静质量不再是一个守恒量,只有能量是守恒量。这也是许多核物理学家更偏爱用能量定义质量的原因,毕竟相对论性质量的本质就是能量。

自狭义相对论诞生之时,关于两种质量定义倾向的争议就已延续多年。如今这一争论虽然仍未终结,但理论研究者们已理解其中的习惯之争成分更重,而关于物理意义本质,已没有太多可置喙之处。在不同领域、不同场合,按情况取舍即可,只要别混淆误用就好。

从牛顿时空观切换到相对论时空观,力学领域几乎所有的概念都需要被重新审视甚至重新构建,绝不仅限于质量、能量和动量。有些可以相对简单地延伸迁移。比如位移、速度、加速度等没有发生本质变化的,可以很容易地改造成相应的4维矢量。有些甚至会变得更为直观明了。比如牛顿力学框架下的作用量 $S = \int L dt$,在狭义相对论的框架下可以写成 $S = mc \int d\tau$,即相对论性质量沿着世界线积线长。还有一些概念难以迁移。比如在牛顿力学中非常好用的"质心"概念,到了相对论时空中就难以定义,所以4维时空中无法再使用质心来解决问题。

如果说力学理论诞生于3维空间,在经历了一番周折后完成迁徙,安居在4维时空,那么与之形成鲜明对比的就是电磁学理论。当物理学家认识到时空统一性时,电磁学就像久居客乡的旅人终于回归故里,一切都透着"早该如此"的味道。

▨ 6.3 时空中的电磁场

强力、弱力、电磁力和引力这4种基本力所统御的尺度各有不同。强力和弱力支配着原子核内部的基本粒子世界,引力是天体运行和星系演化的推手,而化学这门学科研究的所有内容,其背后的根本原因是电磁相互作用。

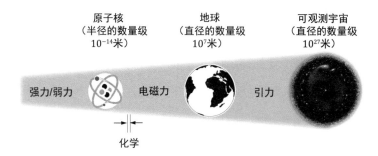

在日常生活所及的宏观尺度上,电磁相互作用几乎是唯一的秩序维护者。尽管地球引力也贡献了力量,避免我们飘向太空,但与电磁力相比,引力在这个尺度上的影响很弱。将一根小小的塑料尺在头发上蹭几下,所产生的静电就能吸起纸屑,而塑料尺所对抗的就是地球的引力。

尽管如此,人类对电磁相互作用的认识却比引力晚了近100年。牛顿的万有引力定律 $F = Gm_1m_2/r^2$ 发表于1687年,而库仑定律 $F = kq_1q_2/r^2$ 发表于1785年。

这两个定律描述的都是**静止状态**下的相互作用,数学形式上相同的平方反比律,说明由源所发出的影响在3维空间中均匀且各向同性地传播,就像声音的响度或光的亮度随距离增加依平方反比律下降一样。

真正"有料"的部分是当物体运动起来之后的情况。如今我们知道,运动中的引力源会产生时空扭转,严重的情况下甚至能够产生时空拖拽和引力波等广义相对论效应。可是引力毕竟太弱了,要想使这些特殊效应被感受到,需要很大质量的物体以极快的速度运动。而放眼太阳系,根本找不到满足这一要求的物体。即便广义相对论问世了,绝大多数时候我们仍然可以毫无顾忌地在运动条件下使用牛顿万有引力定律。

电磁相互作用的状况则完全不同。运动的电荷会产生磁场,即使一小块金属里的电荷以人类跑步的速度移动,所产生的磁场也足以使小磁针发生偏转。此外,运动的电荷在磁场中会受力,所以如果两个带电物体都在运动的话,它们之间的作用可能会明显偏离库仑定律。除了物理课本上静电场那一章的课后习题,在其他场合能够仅靠库仑定律就计算出准确结果的情形并不多见。

与牛顿万有引力那种"作用力决定运动"的单向逻辑不同,电磁力这种"作用力影响运动,同时运动也影响作用力"的纠缠局面,迫使研究者们不得不使用更合理的描述方式。于是"场"就逐渐成了研究电磁相互作用的核心概念,物理学中也从此多了一种客观对象。

起初电和磁还被当作两种对象,法拉第通过经年累月的实验摸索,逐渐认识到电场和磁场是同一种物理对象的不同侧面,它们可以相互转化。而后麦克斯韦将法拉第的朴素思想梳理并总结成了著名的麦克斯韦方程组,这组方程是首个用数学语言为电磁场做出的简约漂亮的描述。

代表磁场的 **B** 和代表电场的 **E** 都是 3 维空间中的矢量场。下图中的 4 个方程描述的是 3 维空间中每点处电场和磁场的情况及相互关系。搞不懂散度"∇·"和旋度"∇×"的读者不必着急,其实这组方程就是告诉我们:静止的电荷只产生静电场,不会产生磁场;运动的电荷不仅产生变化的电场,也产生磁场;变化的磁场也会产生电场。

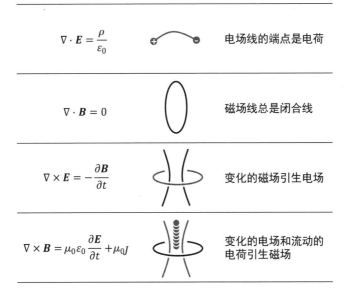

$$\nabla \cdot \boldsymbol{E} = \frac{\rho}{\varepsilon_0}$$ 电场线的端点是电荷

$$\nabla \cdot \boldsymbol{B} = 0$$ 磁场线总是闭合线

$$\nabla \times \boldsymbol{E} = -\frac{\partial \boldsymbol{B}}{\partial t}$$ 变化的磁场引生电场

$$\nabla \times \boldsymbol{B} = \mu_0 \varepsilon_0 \frac{\partial \boldsymbol{E}}{\partial t} + \mu_0 \boldsymbol{J}$$ 变化的电场和流动的电荷引生磁场

电场与磁场相互转化的关键就在于运动。必须在运动变化中才能看到电场和磁场你中有我,我中有你的姿态,这种现象其实已经在隐晦地暗示电磁场的4维时空"原住民"身份。上一章中介绍过,在4维时空中,物体运动相当于世界线的倾斜,也就相当于坐标系的转动。而电磁场就像一个骰子,要想看到它的不同侧面,就要调整观察的角度。

当然,以上是"事后诸葛亮式"的解读。当时的研究者们,包括法拉第和麦克斯韦,都处在牛顿力学理论那种绝对时空观里,不具备这种视角。然而,无论从什么角度出发,一旦电与磁在运动中互生这一机制被发现,相对论时空观的发现就是早晚会发生的必然结果。实际上,爱因斯坦在1905年发表的关于狭义相对论的论文,题目就叫《论动体的电动力学》。

诱发这篇论文的一个主要原因是,当时的研究者们在电磁理论中发现了一个他们无法理解的现象——电磁波的传播速度居然与参照系的选择无关。这个速度,就是根据麦克斯韦方程组推导出来的。

在真空中,没有电荷,也没有电流,因此电荷密度ρ和电流密度J都是0。用数学运算一番,就能通过麦克斯韦方程组得到以下两个方程。

$$\mu_0 \varepsilon_0 \frac{\partial^2 \boldsymbol{E}}{\partial t^2} = \nabla^2 \boldsymbol{E} \quad \text{和} \quad \mu_0 \varepsilon_0 \frac{\partial^2 \boldsymbol{B}}{\partial t^2} = \nabla^2 \boldsymbol{B}$$

这两个方程跟普通的波动方程相似。例如,以速度v传播的波可以写成下面这个方程。

$$\frac{1}{v^2} \frac{\partial^2 f}{\partial t^2} = \nabla^2 f$$

即使我们不知道方程里那些奇奇怪怪的符号代表什么意思,只用对位替换的方式也能很快发现,真空电磁波的传播速度是:

$$c = \frac{1}{\sqrt{\mu_0 \varepsilon_0}}$$

因为 μ_0 和 ε_0 是两个与参照系无关的常数,所以真空电磁波的传播速度也就成了与参照系无关的量。这个不含任何参照系信息的绝对速度困扰了物理学家几十年。但现在看来,无非就是麦克斯韦方程组中暗藏了一个速度量纲的常数,也就是电磁场是一种能够见证时间维度与空间维度平权的物理对象。至于电磁波的传播,站在 3 维空间视角来看,当然是一种运动,而在 4 维时空中,它不过是真空电磁场呈现的一种姿态罢了。

这里提一下,更直观地展现电磁场整体感的表述方式是法拉第张量 $\boldsymbol{F}$,借助这个 4 维时空中的 2 阶张量,麦克斯韦方程组可以写成更为简洁的两个等式。

$$\begin{cases} \mathrm{d}\boldsymbol{F} = 0 \\ \star\,\mathrm{d}\,\star\,\boldsymbol{F} = \boldsymbol{J} \end{cases}$$

其中,$\boldsymbol{F} = \begin{pmatrix} 0 & E_x/c & E_y/c & E_z/c \\ -E_x/c & 0 & -B_z & B_y \\ -E_y/c & B_z & 0 & -B_x \\ -E_z/c & -B_y & B_x & 0 \end{pmatrix}$,$\boldsymbol{J} = \begin{pmatrix} c\rho \\ j_x \\ j_y \\ j_z \end{pmatrix}$。

解释这个形式需要的数学铺垫过多,超出了本书的预设范围,所以仅列出结论供读者体会。

当电场和磁场被合并成一个整体来看待时,可发现法拉第张量 $\boldsymbol{F}$ 在一些操作之后保持不变,这似乎暗示着电磁场这个 4 维对象还存在着其他的自由度。后来,外尔等人终于研究清楚,原来这意味着电磁场具有相位对称性,用术语来说就是 $U(1)$ 对称性,而且是局域对称性。对上面这句话感到困惑的读者可以回到第 4 章温习一下相关名词。

我猜你肯定不愿意往回翻！这里不妨再解释一下，其实这就是说，4维时空中每点处的电磁场都拥有自己原地转圈圈的自由。

第4章介绍对称性时提到过，$U(1)$ 群可以被看作 S^1 流形，那么这个电磁场的 $U(1)$ 对称性自然也可以被解读成时空中每点处卷曲成小圆环的额外维度。果真如此的话，电磁场就变成了一个5维对象。

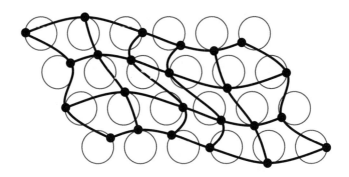

历史上的确有研究者沿着这个思路探索过。1920年左右诞生的"卡鲁扎–克莱因理论"就是一个5维的理论模型，它试图将广义相对论和电磁场理论融合在一起。虽然这个理论本身并不成功，但它所提出的额外维概念，以及将额外维卷曲起来的处理方法，深深地影响了后续理论思想。尤其在弦理论中，额外维和维度的卷曲成了构建理论模型的重要基础，这让许多物理学甚至数学研究获得进展。

第7章

时空的弯曲

仅用"时空的弯曲"来解释广义相对论实在太过敷衍,但是在几乎不涉及微分几何的前提下深入解释这个理论,又是一个不小的挑战。希望读者能够稍稍忍耐一下前期的数学概念,翻过这座小山才能领略到无穷的美景。

7.1 曲率和时空度规

爱因斯坦曾说过,如果他没有发现狭义相对论,5年之内也会有其他人发现,但是如果他没提出广义相对论,大概50年之内都不会有人提出。这足见在他的心目中,两个理论艰深程度差异之大。

广义相对论的深奥和复杂主要源于两个方面。一方面是因中有果、果中有因的双向关系。正如惠勒所言,这个理论的精髓就是"物质告诉时空如何弯曲,时空告诉物质如何运动"。另一方面是时空在理论中扮演的双重角色。在其他物理理论中,时空只是舞台,而在广义相对论中,时空既是舞台又是演员。

站在弯曲的时空中推演时空的动力学,就像在海面上航行时只能以其他漂浮物为参照,而手里的指南针还会随时间和地点的不同而改变指向。在这种条件下,想要维持正确的航向是对思维极大的挑战。

为了理解广义相对论,我们不得不先介绍"1.5个"几何概念。其中"1个"概念叫"度规",剩下的"0.5个"就是第1章中介绍一半的"曲率"概念。

先说简单的。读者已经知道黎曼曲率是4阶张量,也知道黎曼曲率能够非常完整地描述空间弯曲姿态的所有细节。但如果用黎曼曲率描述4维时空,就得面对 $4^4 = 256$ 个分量,这对具体计算非常不友好。

为了平衡描述精确性和计算任务量,意大利数学家里奇对黎曼曲率做了简化。他在尽量保留空间姿态描述能力的同时,把黎曼曲率降为2阶张量。这个2阶曲率张量被称为里奇曲率张量。

广义相对论中使用的就是里奇曲率张量。对4维时空来说,它就是一个 4×4 的矩阵,只有16个分量。再加上时空本身的对称性限制,其实只有10个独立分量,计算任务着实减轻了不少。

另外,广义相对论中还会用到一个曲率标量,它有些像高斯曲率,只用一个数字来表示所有方向上的总体弯曲状况。不过高斯曲率只能描述2维面,而广义相对论中的曲率标量描述的是4维时空的"凸"或"凹"。实际上,这个曲率标量是由里奇曲率张量和下面将要介绍的度规张量共同运算得出的。

说完了曲率,我们再来说说度规。从数学上来说,度规是在弯曲空间中计算长度时所需要的量。为了方便,我们以2维空间为例。在平直的2维欧氏空间,也就是平面内,距离的计算方式是我们再熟悉不过的勾股定理,$(\Delta s)^2 = (\Delta x)^2 + (\Delta y)^2$。而如果在下图所示的球面上,目测就能看出勾股定理是行不通的。不过我们根据量纲分析,还是能猜出来,曲面上的距离计算是下面公式的样子。

$$(\Delta s)^2 = \alpha(\Delta x)^2 + \beta(\Delta y)^2 + \gamma\Delta x\Delta y$$

其中,α、β、γ 这3个系数表示曲面的弯曲对距离计算产生的影响。数学上把这3个系数构成的组合称为度规。

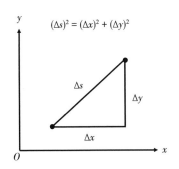
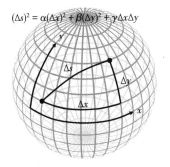

度规是一个2阶张量,那些系数就是这个张量中的分量。在第1章中提到过,2阶张量是有两张嘴的怪兽,吃够两个矢量就变成了一个标量。对度规张量来说,就是把$(\Delta x, \Delta y)$这个矢量吃进去两次,所给出的标量就是$(\Delta s)^2$。由此,$(\Delta s)^2 = \alpha(\Delta x)^2 + \beta(\Delta y)^2 + \gamma\Delta x\Delta y$ 也可以写成:

$$(\Delta s)^2 = \begin{pmatrix} \Delta x \\ \Delta y \end{pmatrix}^{\mathrm{T}} \begin{pmatrix} \alpha & \gamma/2 \\ \gamma/2 & \beta \end{pmatrix} \begin{pmatrix} \Delta x \\ \Delta y \end{pmatrix}$$

夹在中间的矩阵,就是2维面上的度规张量。希望读者能够尽快适应这种用矩阵写出度规的方式,因为后文会一直使用这种形式。

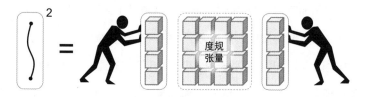

当 $\alpha = \beta = 1, \gamma = 0$ 时,勾股定理就可行了。也就是说,$\begin{pmatrix} 1 & 0 \\ 0 & 1 \end{pmatrix}$ 这样的度规描述的就是平直的 2 维欧氏空间。因此,这种对角线是 1,其他位置全是 0 的度规就叫作欧氏度规。

还记得狭义相对论中闵氏时空的那个时空间隔吗?它也可以写成矢量中间夹矩阵的样子。

$$(\Delta s)^2 = (c\Delta t)^2 - (\Delta x)^2 - (\Delta y)^2 - (\Delta z)^2$$
$$= \begin{pmatrix} c\Delta t \\ \Delta x \\ \Delta y \\ \Delta z \end{pmatrix}^T \begin{pmatrix} 1 & 0 & 0 & 0 \\ 0 & -1 & 0 & 0 \\ 0 & 0 & -1 & 0 \\ 0 & 0 & 0 & -1 \end{pmatrix} \begin{pmatrix} c\Delta t \\ \Delta x \\ \Delta y \\ \Delta z \end{pmatrix}$$

中间那个矩阵就被称为闵氏度规,一般用 $\boldsymbol{\eta}$ 表示。

$$\boldsymbol{\eta} = \begin{pmatrix} 1 & 0 & 0 & 0 \\ 0 & -1 & 0 & 0 \\ 0 & 0 & -1 & 0 \\ 0 & 0 & 0 & -1 \end{pmatrix}$$

可以看出,闵氏度规跟欧氏度规非常像,除对角线之外的分量也都是 0。当然,区别也很明显,那就是闵氏度规的对角线是一正三负(也有的学者喜欢使用一负三正的闵氏度规,这纯属门派习惯差异,无本质区别),而欧氏度规的对角线都是 1。

现在我们要从平直的闵氏时空跨越到广义相对论所描述的弯曲时空。首先要把闵氏度规推广泛化到可以描述弯曲时空的样子,所以在广义相对论中使用的度规应该是这个样子：

$$g = \begin{pmatrix} g_{00} & g_{01} & g_{02} & g_{03} \\ g_{10} & g_{11} & g_{12} & g_{13} \\ g_{20} & g_{21} & g_{22} & g_{23} \\ g_{30} & g_{31} & g_{32} & g_{33} \end{pmatrix}$$

在真正的演算中，极少会出现光秃秃的 g，常见的是带有下角标的写法，如 $g_{\mu\nu}$。当 $\mu = 0, \nu = 0$ 时，$g_{\mu\nu}$ 就是矩阵左上角的那个分量 g_{00}。但既然张量本来就是一堆数，那么就写个 $g_{\mu\nu}$，并让 μ 和 ν 分别从 0 跑到 3 来代表张量里的这堆数，这样应该也说得过去。

度规是广义相对论研究中出现频率较高的概念。关于这一点，费曼在他的自传《别闹了，费曼先生》中讲过一则趣事。

有一次，费曼去北卡罗来纳大学参加一个广义相对论会议，由于晚到一天而错过了接机，同时他也没有同伴可以问路。坐上出租车后，他被司机告知北卡罗来纳大学有两个校区，但费曼根本不知道会场在哪个校区。费曼灵机一动，问司机前一天是否遇到过念叨"g-mu-nu"的乘客，然后让司机带他去那些人去的地方。结果他们还真找对了会场。司机虽然完全不懂 $g_{\mu\nu}$ 是什么意思，但显然对那群说着古怪语言的人印象深刻。

为什么相对论研究者会如此频繁地把度规挂在嘴上呢？那是因为一组度规就刻画了一种时空的样子，也就是广义相对论方程的一个解。如果我们能够确定时空中每一点的度规，也就是写出一个度规场，那么就等于确定了时空这个舞台的形状，同时也看清了舞台上引力场这个参与相互作用的演员。

.

7.2　广义相对论方程

从之前的铺垫中,我们不难窥见广义相对论方程对几何学的强烈依赖。爱因斯坦早在1907年便意识到了引力的本质可能是时空的弯曲,可是他的几何学知识实在无法支撑他进行深入探索。于是在接下来的几年里,他只好暂停引力方面的研究,转去研究一些与量子有关的课题。

1911年,爱因斯坦终于找到了熟悉几何学的合作者——数学家马塞尔·格罗斯曼,这才重新回到引力的课题上,并于1913年和1914年先后发表了一些他们的合作成果。可惜,他们当时构建的理论瑕疵甚多,连爱因斯坦自己都不满意。

瞧,即使强如爱因斯坦的头脑,在疯狂恶补了几年之后,仍然无法充分驾驭微分几何这个数学工具,可见它对当时的物理学家来说难度有多高。但支撑广义相对论所需要的那些数学内容,其实对当时的顶尖数学家来说并不算难事,只不过此前较少有数学家关注带减号的度规罢了。只要找对了合作者,研究进展就会大大加快。

1915 年夏天,在数学界领袖人物希尔伯特的邀请下,爱因斯坦在哥廷根大学连续做了一个星期的系列讲座,宣讲广义相对论。而哥廷根大学是当时几何学家最密集的地方,爱因斯坦的讲座成功地引起了希尔伯特和克莱因等顶级数学家的兴趣。

此后的几个月里,爱因斯坦和希尔伯特开足马力寻找正确的方程式。他们虽然会互相通信,交流彼此的研究心得,但更多时候,尤其在爱因斯坦看来,他们更像是进行着一场争夺优先权的竞赛。

1915 年 11 月,这场竞赛进入最后冲刺阶段。11 月 11 日,爱因斯坦提出了一个很接近正确形式的方程。他兴冲冲地把这个结果写信告诉了希尔伯特,结果希尔伯特在回信中表达了对这个方程的不满,并且告诉爱因斯坦自己有不同的想法,会在 11 月 20 日的演讲中公布。

心急的爱因斯坦哪能等得了那么久,他写信跟希尔伯特索要演讲稿。希尔伯特回信的内容解释了爱因斯坦 11 日提出的方程为何不够正确。至于其中是否包含了希尔伯特自己所找到的方程，则成了物理学史上的一桩悬案。

11 月 20 日，希尔伯特在哥廷根大学的演讲现场展示了广义相对论方程的正确形式。而爱因斯坦提出的等价形式则发表于 11 月 25 日。所以，至今仍有部分学者认为，最早提出广义相对论方程的人应该是希尔伯特而非爱因斯坦。

一个理论的创立，方程并不能代表所有工作。在 11 月 20 日的那场演讲中，希尔伯特不吝溢美之词大力盛赞爱因斯坦的贡献，从未表示出任何贪功的意愿。

诞生过程如此波折的方程究竟是什么样子？我们现在就来揭开广义相对论方程的面纱。

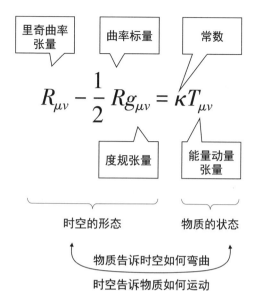

这就是广义相对论方程最常见的样子。

等式左边的部分也常被称为爱因斯坦张量。$G_{\mu v} \equiv R_{\mu v} - \dfrac{1}{2} Rg_{\mu v}$,它是刻画时空的张量,其中 $R_{\mu v}$ 是里奇曲率张量,R 是曲率标量,$g_{\mu v}$ 是度规张量。

等式右边的 $T_{\mu v}$ 叫作能量动量张量,是描述时空中物质的张量。在第 6 章提到过,4 维时空中能量已经与动量融为一体,都是 4 维动量的一部分。其中,我们惯常所说的能量,是 4 维动量在时间维度上的分量。而在广义相对论方程中的能量动量张量,粗略地可以视作 4 维动量流的密度。

在能量动量张量 $T_{\mu v}$ 前的系数 κ 是由圆周率 π、引力常数 G 和真空光速 c 共同组成的常数,即 $\kappa = 8\pi G / c^4$,它使方程在低速条件下能与牛顿方程对齐。

方程中所有带 μ、ν 角标的量都是 2 阶张量。值得一提的是,这个方程并没有限定时空的维度数量。虽然我们最常使用的是 1 维时间加上 3 维空间的 4 维时空,但其实这个方程也可以描述 1+2 维或 1+4 维等其他维数的时空。事实上,作为纯理论探索,学界真的有一些研究领域专门研究 1+2 维时空中广义相对论方程所能给出的种种性质。

从整体形式上来看,广义相对论方程极为简洁、优雅。然而,宇宙法则的奥妙之处在于,在一个用简短的式子就能够概括的整体关系内,还隐含着极为纷繁复杂的细节。其中,一个显而易见的复杂之处就是张量本身有许多分量。所以如果将广义相对论方程拆解开来,则可以得到 16 个方程,纵使时空对称性限制了所有张量都是对称张量,独立方程的数量还是多达 10 个。

$$R_{\mu\nu} - \frac{1}{2}Rg_{\mu\nu} = \kappa T_{\mu\nu} \begin{cases} R_{00} - \dfrac{1}{2}Rg_{00} = \kappa T_{00} \\[2mm] R_{01} - \dfrac{1}{2}Rg_{01} = \kappa T_{01} \\[2mm] R_{02} - \dfrac{1}{2}Rg_{02} = \kappa T_{02} \\[2mm] R_{03} - \dfrac{1}{2}Rg_{03} = \kappa T_{03} \\[2mm] R_{11} - \dfrac{1}{2}Rg_{11} = \kappa T_{11} \\[2mm] R_{12} - \dfrac{1}{2}Rg_{12} = \kappa T_{12} \\[2mm] R_{13} - \dfrac{1}{2}Rg_{13} = \kappa T_{13} \\[2mm] R_{22} - \dfrac{1}{2}Rg_{22} = \kappa T_{22} \\[2mm] R_{23} - \dfrac{1}{2}Rg_{23} = \kappa T_{23} \\[2mm] R_{33} - \dfrac{1}{2}Rg_{33} = \kappa T_{33} \end{cases}$$

更复杂的是高度的非线性性。这些方程中,每一个里奇曲率张量的分量及曲率标量都包含着所有的度规张量分量,还有度规张量分量的 1 阶和 2 阶导数。比如 R_{00} 这个分量,就包含了 $g_{00}, g_{01}, \cdots, g_{33}$ 这 10 个分量,以及它们的 1 阶和 2 阶导数。

前文提到过,所谓求解广义相对论方程就是求解度规 $g_{\mu\nu}$,而每个度规分量是一个时空坐标系里的函数。如果我们简单粗暴地先设 10 个待定函数作为度规分量,然后直接用这些函数以及它们的导数来表示曲率分量和曲率标量,接着代入广义相对论方程,就能够得到 10 个偏微分方程。

这很像含有 10 个未知数的 10 个方程,看起来还不错,不多不少恰好能解。但如果真的按这种方式写出 10 个偏微分方程的一般形式,式子的复杂程度就会让人抓狂。知乎上曾有人展示过,仅仅 1 个偏微分方程的一般形式就占了 1850 页左右。你没看错,不是 1850 行,而是 1850 页。

正是由于如此夸张的复杂程度,即使在计算机算力如此强大的今天,仍然无法用一般形式直接求解广义相对论方程,因此研究者必须想尽各种办法来简化处理过程。

比如在研究引力波的行为时,往往需要先假设时空非常接近平直,也就是度规 $g_{\mu\nu}$ 中的对角线上 4 个分量接近于 1,其他分量接近于 0。有时候甚至还需要假设所有分量几乎都是不变的常数。这相当于在假设海平面几乎不动的前提下去研究海浪。物理学家们当然知道这严重限制了理论的施展空间,但对绝大多数无力支付庞大计算资源成本的研究者来说,也只能采用这种无奈的办法。

不过话说回来,近似方法未必意味着结论廉价,恰恰相反,许多重要的物理本质确实可以通过合理的近似方法来获得。1915 年,爱因斯坦写出广义相对论方程后,他非常迫切地想验证这一理论,最初小试牛刀的两个结论就是用近似方法计算出的结果。

当时已经知道水星近日点进动的观测数据与牛顿理论的计算结果存在偏差,于是爱因斯坦就把这个问题作为首个验证自己理论的试金石。他用近似方法忽略高阶小量之后,计算出了符合实际观测数据的结果。这次的旗开得胜令他欣喜异常。

Woo-hoo!

另一个试金石是光线经过大质量天体附近时的偏转角度问题:来自遥远恒星的光经过太阳附近时,会因太阳的引力场而发生偏转。按照牛顿理论,这个偏转角度大约为0.83角秒,而爱因斯坦用自己的理论计算出的结论是1.7角秒,相当于牛顿理论预言值的2倍左右。

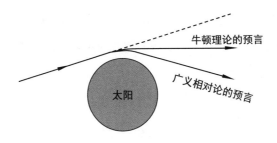

要想通过观测验证这个偏转角,需要趁日全食的时候观测太阳旁边的星空,然后跟夜晚相同方位的星空进行对比。1918年,时任英国皇家天文学会秘书的爱丁顿萌生了进行观测验证的想法。因为1919年能够观测到难得的日全食。爱丁顿率领科考探险队进行观测后,得出了一系列数据。尽管爱丁顿的测量数据有瑕疵,但从可用的数据来看,光线确实发生了偏移,而且偏移角度与广义相对论方程所计算的一致。

7.3 方程的第一个解

尽管广义相对论方程的一般形式非常难解,但其在特殊情况下的一个精确解在理论发布后短短一年之内就被找到了。这位历史上第一个解出广义相对论方程的人不是爱因斯坦,而是德国炮兵中尉史瓦西。

史瓦西并不是普通的军人,他在参军前是普鲁士科学院院士,担任过波兹坦天体物理天文台台长。

史瓦西42岁那年参加了爱因斯坦的讲座,获知了广义相对论方程。可惜,短短6个月之后,还没到43岁的史瓦西就因病离世。临终前,他在医院里完成了两篇论文,其中一篇就是关于广义相对论方程的精确解。这个解对后续理论研究的意义十分重大,其光芒盖过了他在天文学领域的所有贡献。

史瓦西所解出的度规被命名为**史瓦西度规**,它清晰地描述了一种神奇的时空结构——黑洞。由此,黑洞的半径也被命名为**史瓦西半径**。毫不夸张地说,后相对论时代,人们对黑洞的认识,几乎都是从史瓦西度规开始的。现在,就让我们看一下这个度规:

$$ds^2 = \left(1 - \frac{R_s}{r}\right)c^2dt^2 - \left(1 - \frac{R_s}{r}\right)^{-1}dr^2 - r^2(d\theta^2 + \sin^2\theta d\varphi^2)$$

此时,许多读者可能会感到一头雾水,完全不知道这是什么意思。请少安毋躁,容我慢慢解释。

还记得度规最原始定义的来源吗?就是在计算距离$(\Delta s)^2 = \alpha(\Delta x)^2 + \beta(\Delta y)^2 + \gamma\Delta x\Delta y$时出现的那组系数$\alpha$、$\beta$、$\gamma$。为了强调这个距离非常微小,就依照微积分的表述习惯把Δs换成了ds。相应地,这个距离在各坐标轴上的分量也要写成dx、dy。于是,等式就变成了$(ds)^2 = \alpha(dx)^2 +$

$\beta(\mathrm{d}y)^2 + \gamma \mathrm{d}x\mathrm{d}y$。这种形式的写法有个术语,叫作线元表达式。从这个表达式中读出的系数就是度规张量的所有分量。

同样地,从闵氏时空线元表达式 $(\mathrm{d}s)^2 = (c\mathrm{d}t)^2 - (\mathrm{d}x)^2 - (\mathrm{d}y)^2 - (\mathrm{d}z)^2$ 中,可以直接读出系数是 1、-1、-1、-1,也就是度规张量矩阵形式里对角线上的数。当然,我们可以给闵氏时空换一种坐标,不用直角坐标 (t, x, y, z),改用球坐标 (t, r, θ, φ),线元表达式就会变成:

$$\mathrm{d}s^2 = c^2\mathrm{d}t^2 - \mathrm{d}r^2 - r^2\mathrm{d}\theta^2 - r^2\sin^2\theta\mathrm{d}\varphi^2$$

$$= \begin{pmatrix} c\mathrm{d}t \\ \mathrm{d}r \\ r\mathrm{d}\theta \\ r\sin\theta\mathrm{d}\varphi \end{pmatrix}^{\mathrm{T}} \begin{pmatrix} 1 & 0 & 0 & 0 \\ 0 & -1 & 0 & 0 \\ 0 & 0 & -1 & 0 \\ 0 & 0 & 0 & -1 \end{pmatrix} \begin{pmatrix} c\mathrm{d}t \\ \mathrm{d}r \\ r\mathrm{d}\theta \\ r\sin\theta\mathrm{d}\varphi \end{pmatrix}$$

看得出来,度规仍然是以 1、-1、-1、-1 为对角线的矩阵。

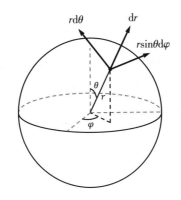

理解了球坐标线元表达式之后,我们再说回史瓦西度规。史瓦西考虑的是,质量为 M、不带电、无自转的球形中心天体在其周围真空中所产生的引力场。这显然是一个各向同性球形对称的设定,由此可以猜出,结果应该只与时间维度和径向空间维度有关,而 θ、φ 这两个方向参数应该不会产生贡献。

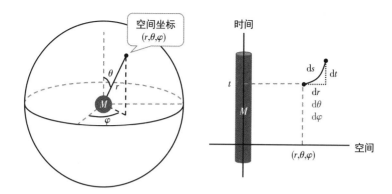

所以,不妨大胆假设,线元表达式的形式是:

$$ds^2 = g_{tt}c^2dt^2 + g_{rr}dr^2 - r^2d\theta^2 - r^2\sin^2\theta d\varphi^2$$
$$= \begin{pmatrix} cdt \\ dr \\ rd\theta \\ r\sin\theta d\varphi \end{pmatrix}^{\mathrm{T}} \begin{pmatrix} g_{tt} & 0 & 0 & 0 \\ 0 & g_{rr} & 0 & 0 \\ 0 & 0 & -1 & 0 \\ 0 & 0 & 0 & -1 \end{pmatrix} \begin{pmatrix} cdt \\ dr \\ rd\theta \\ r\sin\theta d\varphi \end{pmatrix}$$

也就是说,我们猜测度规张量中大部分分量会跟平直时空的度规一样,只有两个待定的分量 g_{tt} 和 g_{rr} 可能不同。经过这样大幅度简化之后,等式就变得容易理解了。两个待定分量经过一番变换,再代入广义相对论方程,对熟练掌握微分几何基础知识的物理系学生来说,只需要聚精会神地用纸笔计算几小时,不需要动用计算机,就可以求解出:

$$g_{tt} = 1 - \frac{R_s}{r}, g_{rr} = -\left(1 - \frac{R_s}{r}\right)^{-1}$$

其中,$R_s = \dfrac{2GM}{c^2}$,R_s 就是史瓦西半径。可以看出,当 $r \gg R_s$ 时,也就是距离天体很远时,$g_{tt} \to 1$,$g_{rr} \to -1$,这种度规回退成闵氏度规的样子。这说明远处的时空如闵氏时空一样平直。的确,天体的引力不应该影响到无穷远处。然而在靠近天体的地方,可能会出现接下来要讲的黑洞。

7.4 黑洞

黑洞,是大众科普作品中常出现的名词。许多科普作品只是将黑洞简单地描述成超级致密,引力超级强大,以至于光都无法逃脱的天体。这种说法或多或少沿袭了相对论提出之前的"暗星"概念。早在18世纪,就有人猜测存在逃逸速度大于光速的天体。这种天体能够把自己发出的光拽回来,所以远处的观察者无法看到这种天体,于是将其命名为"暗星"。

这种解读在相对论时空观念下就显得有些矛盾。我们知道,光速是与时空绑定的常数,光永远以恒定的速度出现在宇宙中,无论是大质量天体表面还是密度极低的宇宙深空,都不会产生变化。那光又是如何被黑洞限制住的呢?

想要真正理解现代观念的黑洞,我们还得再看一眼史瓦西度规刻画的时空线元表达式。

$$\mathrm{d}s^2 = \underbrace{\left(1 - \frac{R_s}{r}\right)}_{g_{tt}} c^2\mathrm{d}t^2 - \underbrace{\left(1 - \frac{R_s}{r}\right)^{-1}}_{g_{rr}} \mathrm{d}r^2 - r^2\left(\mathrm{d}\theta^2 + \sin^2\theta\mathrm{d}\varphi^2\right)$$

当 $r = R_s$ 时,度规变得非常诡异,g_{tt} 变成了 0,g_{rr} 则变成了无穷。这个位置显然有些值得关注的内容。其实,这个位置就是黑洞的边界,术语将其称为事件视界。任何物体在落入这个边界之后就永远无法逃脱。这个"宿命"就写在史瓦西度规里。

在狭义相对论中我们已经知道,$\mathrm{d}s^2 > 0$ 代表光锥内部,是任何一个观察者未来可能到达的所有时空点的总和。而闵氏时空中,$\mathrm{d}s^2 = c^2\mathrm{d}t^2 - \mathrm{d}x^2 - \mathrm{d}y^2 - \mathrm{d}z^2$,只有度规的时间维度分量是正数,其他 3 个空间维度分量都是负数,要维持 $ds^2 > 0$,只能靠时间不停歇地单向流逝。

换到史瓦西度规中,当观察者站在视界外时,$r > R_s$,此时 $g_{tt} > 0$,$g_{rr} < 0$,与闵氏时空的情况类似,还是依靠时间的流逝维持 $ds^2 > 0$。但是当观察者进入视界之后,$r < R_s$,导致 $g_{tt} < 0$,$g_{rr} > 0$。对视界内的观察者来说,他的未来光锥中维持 $ds^2 > 0$ 的责任居然改落到了 g_{rr} 上。

有句话虽略带故弄玄虚之嫌,却也颇为形象:"在黑洞内部,空间变成了时间,而时间变成了空间"。在 $r < R_s$ 处,ct 坐标值不再被强制要求单向流逝,而是可以像空间维度坐标一样或进,或退,或停,而 r 坐标值则必须不断地单向流逝不能停歇,所以落入黑洞的物体除飞向球心之外别无他选。

当然,这里所说的坐标值,是在黑洞外无穷远处建立的坐标系。而对于落入黑洞的那个观察者来说,他还是正常地体验着自己的时间。所以,更精确但损失些玄幻色彩的说法应该是:黑洞内观察者的时间维度对应着黑洞外观察者的径向空间维度,黑洞外观察者的时间维度对应着黑洞内观察者的空间维度。

如此说来,黑洞内外的时空似乎在视界处发生了某种"扭转"。对于距离黑洞无穷远且相对黑洞静止的观察者来说,这么说倒也没错。可是对于一位乘坐飞船靠近黑洞并最终穿越视界的星际旅行者来说,一路上除了潮汐力渐渐增加,并没有任何时空扭转的感觉。

所以,时空这个客观对象本身在视界处仍然是完好、连续的,并没有发生断裂或突变。只是当我们谈论时间维度和空间维度时,总要选定坐标系,我们在这里遇到的问题实际上是:一个普通坐标系不能完整覆盖含有黑洞的整个时空。当然,我们仍然可以通过多个局部坐标系彼此交叠,让时空中的任意两点之间都能画出光滑连续的线,并算出时空距离。

这种单一坐标系无法覆盖整个空间的情况,对一些读者来说也许比较陌生,那么我们请出小明和小亮,让他们来演示这种情况到底是怎么发生的。小明站在距离黑洞无穷远处,并相对黑洞静止,而小亮则乘坐飞船驶向黑洞,并最终在距离黑洞视界非常近的地方悬停。

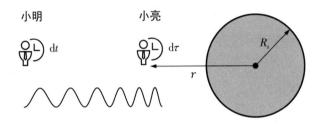

小明用史瓦西度规,打算在他的坐标系里计算一下小亮的时间流速。由于小明、小亮和黑洞三者都相对静止,所以 dr、$d\theta$ 和 $d\varphi$ 都是 0,小明列出的线元表达式就简化为:

$$ds^2 = \left(1 - \frac{R_s}{r}\right)c^2 dt^2$$

这个式子是小明在自己的坐标系中对小亮的描述。其中,dt 是小明自己的时间跨度,r 是小亮到黑洞中心的距离,ds 则是小亮世界线的线元。根据狭义相对论的相关内容可知,小亮所经历的时间跨度 $d\tau$ 与他这条世界线的线元之间满足 $ds^2 = c^2 d\tau^2$。所以,小明和小亮二人的时间流逝速度就有如下关系:

$$\frac{d\tau}{dt} = \sqrt{1 - \frac{R_s}{r}}$$

如果小亮非常靠近黑洞,悬停在 $r = 1.01R_s$ 处,那么 $dt \approx 10d\tau$。也就是说,小明要等上 10 年才能看到小亮长了 1 岁。这就是引力所造成的**时间膨胀**效应。就像电影《星际穿越》中展示的那样,飞临黑洞的宇航员返航后会发现自己比留在基地的其他人要年轻许多。

这种引力引起的时间膨胀也会影响电磁波的频率。如果待在黑洞附近的小亮向远处的小明发射电磁波,当电磁波到达小明所在处时,频率也会降低为原来的1/10,这就是**引力红移**现象。

可以想象,当小亮继续靠近黑洞视界,时间膨胀现象会更明显。在小明看来,小亮的时钟走得越来越慢。即使小明等待无穷长的时间,终究也等不到目睹小亮穿越视界那一刻。而小亮自己的世界线长度是有限的,他肯定能够在有限时间内穿过视界。所以,在宇宙中,小亮穿越黑洞视界这个事件的确发生在时空中的一点,只不过这一点无法被小明所使用的坐标系覆盖。

小明如果真的用望远镜观察的话,其实也看不到小亮定格在视界表面的画面。因为引力红移越来越强,小亮所发出的光在小明看来越来越暗。最终小亮在视界处发出的光,彻底无法被小明看见,这就是黑洞黑的原因。从始至终,光速都没有变,只是时间膨胀减损了光频率,从而扣押了光携带的能量而已。

关于黑洞,还有一个非常值得注意的地方,就是黑洞质量与其大小之间的关系。由史瓦西半径 $R_s = \dfrac{2GM}{c^2}$ 可以看出,黑洞质量居然与半径成正比,而不是与半径的立方成正比。这意味着,如果把黑洞看作一个视界为边界的天体,黑洞的密度并不是恒定值。黑洞越小密度越大,而黑洞越大密度越小。

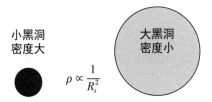

小黑洞
密度大

大黑洞
密度小

$\rho \propto \dfrac{1}{R_s^2}$

如果把地球压缩成黑洞,直径小于1厘米,这个小黑洞的密度将比地球密度大30个数量级。而一个直径达930亿光年,跟可观测宇宙大小几乎相同的黑洞,它的密度比普通桌椅板凳的密度低28个数量级,这就相当于目前探测到的真实宇宙平均密度。

换句话说,如果把可观测宇宙中所有物质和能量都收集起来捏成一个黑洞,那么这个黑洞仍然是可观测宇宙那么大。这是否暗示着我们的宇宙就是一个大黑洞呢?希望读完本书之后,读者心中能产生答案。

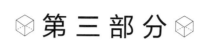

第 三 部 分

量子与时空

PART ▶▶▶▶ 03

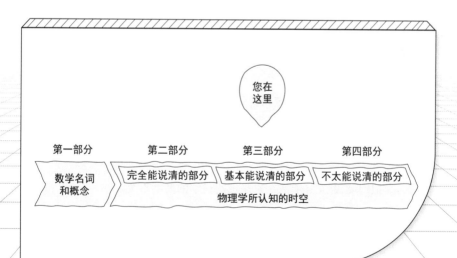

您在
这里

第一部分	第二部分	第三部分	第四部分
数学名词 和概念	完全能说清的部分	基本能说清的部分	不太能说清的部分
		物理学所认知的时空	

第 8 章

量子力学与复数

与量子理论相关的各种悖论和反直觉现象层出不穷,本章无法面面俱到地讲解所有具体的量子现象,但是会尽量抽取量子特性中的几个核心要义,帮助读者在短时间内理解量子理论与经典理论的本质差异。

8.1 量子态

提到量子力学,人们总会联想到那些玄幻神秘的名词。从"双缝干涉"到"量子纠缠",从"薛定谔的猫"到"平行宇宙",似乎量子现象处处彰显着超自然的神迹。对量子现象的解读更是五花八门,有人拿量子力学来证明物质是意识的产物,有人则拿它来证明世界是高级文明编写的虚拟幻境,甚至还有人用它来证明科学的高度不及宗教。

在整个人类发展史上,恐怕没有哪个科学理论经历过这种待遇,被如此广泛地移花接木后服务于科学的各种对立面。就连科学领域一些德高望重的专业人士,甚至学术权威人士,也在量子力学的解读上错误连连,一不小心就闹笑话。

其实,严肃的量子理论已经发展了百余年,理论体系已相当完整。这不仅能够清晰准确地解释已发现的物理现象,其理论预言也经历了成千上万次不同角度的实验检验。虽然至今仍有量子诠释方面的争论悬而未决,但那些争论内容与"科学的尽头是神学"这种穿凿附会扯不上任何关系。

究竟是什么阻碍了大众对量子理论的理解呢? 在我看来,几乎所有误解的根源都可以归结于两个字,那就是**复数**。

在经典物理学中,我们习惯用实数记录物理量和状态,所有的物理过程几乎可以被看作一堆实数之间的加减乘除运算。复数似乎并不是真实物理世界的一部分,而只是数学家逻辑游戏中的一个抽象道具。

的确,所有**可测量物理量**,如距离、速度、质量、电荷等,但凡可以被测量仪器采集到的数字,都是实数。很少有人理解什么叫"3+2i 米/秒的速度",也没有尺子可以量出"长度为 4+7i 米的距离"。

然而,对**量子态**的刻画却未必如此。经典物理学视角贸然地以为,系统状态就是一堆可测量物理量的简单罗列,所以自然也是用一堆实数来描述。可惜我们所处的真实世界,尤其是微观世界并不是那么简单,系统的量子态中未必对每个可观测量都事先贮备着唯一的结果。

"薛定谔的猫"这个例子被广泛应用,为图新意,不妨就把量子态比作竖放在桌上的铅笔,在它倒下之前,并不预先蕴含躺倒的方向。那么对生活在桌面这个 2 维世界里的蚂蚁来说,该如何描述铅笔竖直的状态呢? 蚁群中的科学家想到了一个办法。因为蚂蚁们只认识铅笔的"躺倒态",于是蚂蚁科学家就把一个"竖直态"表示成均匀包含所有躺倒态的组合。这样做似乎可以解决问题,也没有必要引入复数。

可是将铅笔换成硬币之后,蚂蚁科学家就遇到了麻烦。在桌面 2 维世界中,硬币正面朝上和背面朝上是两种**分立**的躺倒态,蚂蚁想象不出用什么方式把一种态**连续**地变成另一种态。终于有个蚂蚁科学家想到,让硬币在2维世界以外的空间里转动,就可以实现两个分立态之间的连续变化。当它兴冲冲地写出数学形式时就会发现,满足对称性的表述方式中必须用到复数。

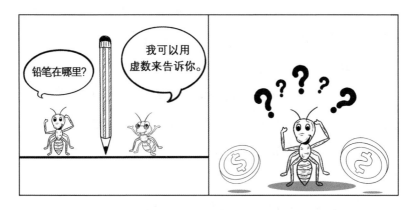

量子态与经典态之间的关系,就类似于竖直态与躺倒态的关系。尽管一些极致简单的量子态描述中可以不出现复数,但绝大多数情况下,当我们企图将量子态拆解成若干经典态的组合,并能够允许这个量子态在分立的经典态之间连续演化时,就不得不使用复数作为那些经典态的系数。这些复数的出现,则意味着量子世界中存在经典理论视角无法直接看到的**额外自由度**。

那些对量子力学的误解,基本上都源自额外自由度所造成的认知困扰。2维世界中的普通蚂蚁只懂得硬币要么正面朝上要么反面朝上的经典姿态。即使有蚂蚁科学家告诉它们,由于额外自由度的存在,硬币可以处在两种状态兼而有之的"翻滚态",它们也很容易误解为这是半数正面半数背面的一堆硬币混合起来的结果,或这是一枚字迹模糊看不清正反面的硬币。

有趣的是,这种认知困难不仅限于 2 维世界中的蚂蚁,即使身处 3 维空间中的人类,也同样很难直观地理解**量子自旋**。

地球中心的金属核在自转运动中会产生磁场,使地球变成一块巨型磁石,同样的机制也适用于任何携带电荷自转的物体。当初研究者以为,电子所携带的磁矩也是由自转造成的,所以才取了这个误导性很强的名字。我们这里姑且不管电子的磁矩到底如何而来,总之每个电子也会像自转的地球那样,表现出一头是北极另一头是南极的磁矩。

然而,与经典情形不同的是,电子磁矩就像桌上的硬币,在测量方向上仅能展现出完全同向或完全反向两种姿态,不会表现出其他中间状态,尽管这个测量方向是随便选取的任意方向。

经典自转   量子自旋

这种现象就是微观粒子自旋的量子化。量子自旋在许多方面与经典自转非常类似，所以物理学家也没有为它改名字。反正专业物理研究者都熟悉了这种在测量方向上只能分立取值，且不存在中间状态的古怪特点。

在这个特点的基础上，更有趣的部分来了：量子理论告诉我们，电子的量子态中同时包含着两种分立的状态，而且它们相互之间还可以连续地转换。注意，这既不是说一堆电子里有些同向、有些反向，也不是说一个电子的状态可能同向或反向，而是像那个蚂蚁科学家所说的"硬币翻滚态"一样，在电子的量子态中，同时包含同向和反向两种状态，这就是所谓的**量子叠加态**。怎么样？3维空间中的你体会到2维世界中蚂蚁的感受了吗？

8.2 量子非定域性

通过类比桌上的硬币和量子自旋，我们可以体会到，复数的出现代表着难以感知的额外自由度的存在。但这个类比有一个瑕疵，那就是容易使人产生误解，以为这些额外自由度就简单地等同于额外空间维度。尤其是那个桌面上硬币的比喻，让人误以为硬币被限制无法翻转的原因是2维空间的维度数量不够，只要再加上第3个空间维度就能大功告成。

其实，我们完全可以把硬币放在莫比乌斯带上，只要硬币沿着莫比乌斯带跑一圈，就可以实现翻转，而且全程都不会离开这个2维面。

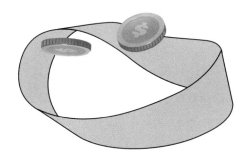

当然,"空间中每一点处都藏着一个莫比乌斯带"这种说法可能比新增加一个空间维度更难以直观理解,尽管这个说法可能更贴近客观事实。

附加空间维度也好,空间每一点处都藏着一个莫比乌斯带也罢,除了这些躲在4维时空的自由度,我们在日常生活中几乎时时处处都伴随着具有明确物理意义的复数。

计算机、手机等电子产品都依赖于半导体元器件中的**量子隧穿**效应,就是低能量电子穿越高能量屏障的效应。这种效应当然可以用电子能量的随机涨落来解释,但有趣的是,电子在隧穿过程中经历的时间间隔就是纯**虚数**。

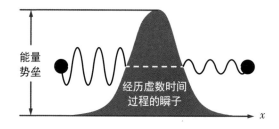

如果把电子看作点粒子的话,根据前面介绍过的狭义相对论知识,经历虚数时间间隔则意味着,电子开始隧穿与结束隧穿这两个事件之间是类空间隔,后者不在前者的光锥之内。更直白地说,两个事件的发

生顺序不为时空所保证,在某些参照系中可能会先看到隧穿结束,后看到隧穿开始。

幸好量子隧穿效应只在非常近的距离上才比较明显,其强度会随着距离的增加而呈指数级下降,因此我们不必太过担心量子涨落会破坏宏观时空中的因果结构。但是这种效应的存在足以暗示,我们身处的真实世界并不总是严丝合缝地绝对遵守相对论时空因果结构的约束。

事实上,对这种约束的违背,并不止于微观尺度上的涨落。量子隧穿因其涉及能量传递,所以不会在大尺度上肆意显现,但是当不涉及能量传递的时候,量子系统完全可以在任意大的尺度上传递量子态的变化,这就是量子态所具有的**量子非定域性**。

有些读者也许对这个名词感到陌生,但相信你一定听说过一个在物理科普作品中出镜率相当高的名词——量子纠缠。其实,绝大多数科普作品中谈论的量子纠缠,其根本就是在讲量子非定域性。量子纠缠本身是一个物理专业术语,只不过在专业领域内使用时有更广泛的含义,而且未必含有非定域性。

抛开咬文嚼字的细节不论,量子非定域性的典型展现方式就是著名的EPR思想实验,由爱因斯坦、波多尔斯基和罗森在1935年提出,其大致内容如下。

制备一个由两个粒子组成的系统,控制这两个粒子系统的量子态中仅包含两种情况的叠加,一种是A自旋向上、B自旋向下,另一种是A自旋向下、B自旋向上,这样就得到了一个A与B纠缠的量子系统。所谓纠缠,就是指A与B的自旋方向不再各自独立。这个量子态虽然不能确定两个粒子的具体自旋方向,却保证了它们的自旋方向总是相反。

这两个粒子系统量子态的非定域性体现在,无论两个粒子相距多远,只要其中一个粒子的量子态发生坍缩,其自旋方向确定下来,那么另一个粒子的自旋也将随之确定。一般科普文章中会说,两个粒子的坍缩是同时发生的。然而具备了相对论时空观念的读者肯定会疑惑,这里所谓的同时是对哪个参照系而言?

这其实是一个颇为复杂且深奥的问题,避繁就简的方式是暂时不深究哪个参照系,而是只明确承认两个粒子发生坍缩的事件是类空间隔。也就是说,当一个粒子的量子态发生坍缩,在经历**虚数时间**之后,另一个粒子的量子态也随之坍缩。这就像隧穿开始和隧穿结束这两个事件的关系一样，只不过两个纠缠粒子的空间距离可以相隔非常远，甚至跨越星系。

这种爱因斯坦口中"幽灵般的超距作用"，正是量子非定域性的直接体现。一些怪力乱神的钟爱者经常借此佐证心灵感应等超自然现象的存在，可惜他们只知其一不知其二。这种效应虽然可以不受空间距离的限制，瞬间传递量子态的变化，但并不能传递任何能量，也无法仅以此为媒介传递信息。

如果我们划定因果关系是由信息或能量传递所推动的话，那么相对论时空中，光锥对因果联系的约束就依然有效，未被量子非定域性打破。而所有量子通信技术理论上能够实现的目标上限，要么是对亚光速经典信息传递过程的压缩和安全保护，要么是将含着叠加态尚未坍缩的量了态瞬移到远方。

正是因为量子非定域性没有破坏大尺度因果结构的能力，所以在EPR思想实验被提出后的20多年里，大部分研究者都认为这种效应根本无法用实验验证。如果被封装进黑盒的不是一对纠缠粒子，而是一双拖鞋，似乎也会出现一模一样的实验现象。一旦其中一个黑盒被打开，实验者就马上能够知道另外一个黑盒中的情况。

在20世纪四五十年代，整个物理学界可谓群星璀璨，但只有爱因斯坦、玻姆、约翰·斯图尔特·贝尔等寥寥几人还在思考如何区分经典态的拖鞋盲盒与量子叠加态的纠缠粒子对。为此，素有"上帝之鞭"绰号的沃尔夫冈·泡利，曾经不留情面地揶揄爱因斯坦——"整天醉心于'针尖上能站几个天使'这等无聊的问题"。

　　然而后来的事实证明,爱因斯坦思考的并不是无聊的问题。1964年,贝尔不仅发现了经典盲盒态与纠缠量子态的差异,提出了可操作的实验验证方式,即贝尔不等式,还提出了极为深刻的贝尔定理。

　　贝尔的结论大意是,所有经典的拖鞋盲盒都必然遵守贝尔不等式,而纠缠粒子对可以违背这个不等式。如果确实出现了违背不等式的情况,那么量子系统的**定域性**和**实在性**将不能两全,二者必舍其一。

8.3 实在性之辨

贝尔所称的"定域性"比较容易理解,就是指任何因果关联都应该限制在光锥之内,不应存在类空间隔的因果联系。更直白地说,先因后果这个顺序必须在任何参照系中都得到保证。

从字面上来看,"实在性"是指量子态是客观实在的物理对象,但应该如何定义客观实在呢?

一种较早期也略显狭隘的定义是指,尽管量子态在被测量时表现出随机性,但其背后存在控制测量结果的底层**隐变量**。站在这种定义视角,接受量子态的实在性,就相当于认定存在**隐变量量子理论**。

另一种较为晚近也更为宽泛的实在性定义是指,对量子态进行测量时所得到的结果在被测量之前就已经存在。换言之,测量结果单纯由量子态决定,而不是由量子态和测量操作一起,在测量发生时才被临时创造出来的。

无论定域性还是实在性,看起来都是那么理所应当。然而,贝尔断言,二者同时为真时,测量结果必满足贝尔不等式,只要出现违背不等式的结果,则至少舍弃其一。

从1972年到2015年,各种量子纠缠态违背贝尔不等式的实验验证陆续进行了十余次。2022年的诺贝尔物理学奖被授予量子纠缠态的实验验证工作。如今,贝尔定理成立的前提确凿无疑,所有量子理论的诠释都必须在定域性和实在性二者之间做出抉择。

既然主流物理学家们将自然客观规律奉为追求目标,他们当然更倾向于保留实在性,放弃定域性。我也紧紧追随主流倾向,所以才在前面的内容中直接将量子非定域性作为量子系统的属性来介绍。

之所以敢放弃定域性,不再将量子世界的因果联系限定于光锥内,是因为量子场论的诸多暗示。

作为迄今为止解释微观世界最成功的理论,量子场论是量子力学与狭义相对论的融合。在后文中,我会对量子场论进行更详细的介绍。

量子场论中,所有基本粒子都是场的激发。电子是电子场的激发,光子是电磁场的激发。所以场才是更本质的对象,而粒子只是场"滴漏"出的能量团。既然场是一种在时空中弥散开来的对象,那么跨类空间隔铺展着同一个场,似乎也没有什么可大惊小怪的。

如果读者感觉这个理由缺乏说服力的话,也许反粒子的存在能提供说服力。量子场论中,"A扔出一个粒子给B"与"B扔出一个反粒子给A",这两个过程是等价的。实际上,**反粒子就是逆时空方向传播的正粒子**。有这种等价关系撑腰,再看到不同参照系中因果先后顺序不一致的情况时,不安也就减弱了很多。

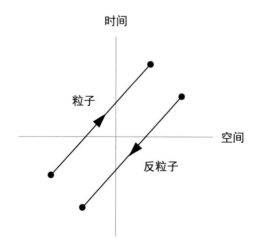

我们甚至可以说,在微观层面,两个事件之间的因果关系本来就可

以随便颠倒。

更夸张的是，量子计算的研究者们已经搭出了一种特殊的结构。在这个名为"Quantum Switch"的结构中，A→B 与 B→A 这两个因果关系可以在同一过程中叠加并存。一般文献中将这个名词翻译为"量子开关"，但我觉得翻译成"量子交换"更恰当一些。

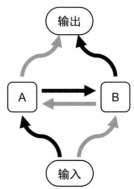

在这个逻辑单元中，两种因果关系的叠加状态不禁让人联想到"薛定谔的猫"所处的叠加态，但实际上它所实现的"非确定性因果"比小猫的叠加态更神奇。

Quantum Switch 中 A 和 B 两处都是可以查看现象的操作，整个系统并不是黑箱。与那只小猫不可见的叠加态相比，Quantum Switch 向我们展示的是可观测现象层面的非确定性因果。

既然主流一方的论据如此充分有力，为什么还有人主张保留定域性而放弃实在性呢？简单来说，主张否定量子态实在性的研究者，基本上是数学家，他们的共同特点就是将逻辑一致性置于至高无上的地位，为此不惜牺牲物理对象的客观实在性。

上面这句话可能会让读者有些糊涂，不懂贝尔定理怎么又跟逻辑一致性扯上了关系。其实贝尔定理还有一个 2.0 版本，就是 1967 年由两位数学家提出的"科亨-施佩克尔定理"，简称 KS 定理。

贝尔定理的核心观点是，对一个纠缠态系统，类空间隔的两次量子测量结果之间存在经典因果无法解释的神秘成分。而 KS 定理则直接将类空间隔的条件去掉了，只要是对量子系统进行多管齐下的测量，各测量结果之间就存在超越经典因果的神秘成分。

也许有些读者会感到不屑。这有什么了不起的！量子力学第一节课上，老师就说过位置和动量不能同时具有确定的数值，这叫量子力学的不确定性关系，在数学上的体现形式就是位置和动量算符的非对易性。

然而，KS 定理中所说的多个测量，都是彼此相互对易的，也就是允许同时进行测量。我们选定这样一组可对易的测量操作 A、B、C，然后对一个量子系统同时进行这些测量，就会得到一个关于 A 测量结果的概率分布。如果隔壁班的同学也在做同样的事，但选定的是 A 和 D 进行测量，那么他们所得到的 A 测量结果的概率分布就可能变成不同的样子。

这太有趣了。在经典理论世界里，我们测量一个篮球体积的结果，肯定与是否同时测量它的颜色毫无关系。然而在量子世界中，偏偏就存在这样奇特的关联。

接受量子态实在性的研究者们欣然地将 KS 定理所描述的这种性质视为量子非定域性的升级版，将其称为**量子互文性**，即每个量子测量结果与其他结果之间的上下文相关性。

而随着研究的深入，从事数学和计算理论研究的学者们发现，量子互文性能导致多个测量结果之间出现**局部逻辑一致但整体逻辑不一致**的情况。这种感觉就像在审问一个聪明且爱撒谎的孩子，他能靠小聪明保持每个答案与临近的答案逻辑一致。但当我们问的问题多了之后，这些答案之间就会显现出矛盾，让我们不得不怀疑，这些答案都是这个孩子随口瞎编的谎话。量子测量结果中的互文性，可以用彭罗斯三角形象地展现出来。

　　如果你盯着彭罗斯三角看一会儿,就能够深刻体会那些拥有数学背景的研究者们为什么会选择放弃量子态的实在性。他们也许可以接受一个懵懂顽劣的小孩子随口撒谎,但是绝对无法接受自然界存在某个客观对象居然可以给出无法逻辑闭环的测量结果。

　　于是这些研究者们认定,所有量子测量结果就如同那个聪明且爱撒谎的孩子提供的答案一样,是在被测量的时候,根据测量操作的上下文临时"创造"出来的。而在测量操作没发生之前,不存在预先就绪的客观结果。

　　可是放弃实在性之后,又该从何处出发理解世界?这其实是一个很难回答的问题。一个能够代表此类主张的激进理论是"量子贝叶斯主义",这个理论认为:每次测量都是对宇宙认知的更新。至于这个理论的说服力,就留给读者自行评判了。

量子场论

粒子是场的激发, 物质的本质就是各种场, 这是又一次重大的认知升级。这个新的认知从何而来? 又会因此发现哪些有趣的事实? 请读者从本章的内容中寻找答案吧。

9.1 场的量子化

还记得中学物理课本上关于量子力学的第一个知识点吗? 是的, 就是"波粒二象性"。相信那是许多读者第一次感受到量子力学的古怪反常。一个既是波又是粒子的物理对象, 一方面没有精确的运动轨迹, 另一方面只能在空间的一点处被观测到, 它到底应该是什么样子?

　　初代量子力学对此的解释比较简单,粒子仍旧被描述成一个小点,而波动的则是这个点状粒子位置的概率。这个解释所描述的场景倒不难想象,粒子就像连续使用瞬间移动技能的游戏角色,而游戏地图就是整个空间。我们只能看到游戏角色在一处消失,又在另一处出现。这个跳闪操作不断重复,根本看不到连续行走的轨迹,所以也就无法准确预判该在哪里将其捕获,只能猜测它大概会在哪片区域冒头。

　　这个初代理论模型是为双缝干涉实验量身定制的解释,但其中最大的问题就是瞬间移动的运动方式。从相对论时空观的角度思考一下,如果在某个参照系中看到"粒子在A处消失"和"粒子在B处出现"这两个事件同时发生,那么说明这两个事件是类空间隔。此外,一定存在一些参照系,其中的观察者会先看到"粒子在B处出现",后看到"粒子在A处消失"。也就是说,在一段时间内,观察者看到空间中出现了两个粒子。难道在那样的参照系中,一个粒子能在接收屏上打出两个亮点吗?这显然不可能。物理学家们需要提供更有说服力的理论。

　　一个更合适的理论模型中,既不能出现点状粒子的瞬间移动技能,又不能出现精确的运动轨迹,该怎么办呢? 与相对论时空结构天然和谐的物质理论是电磁场,那也是20世纪20年代的物理学家唯一知晓的物质场理论。于是物理学家们将经典电磁场理论套上量子行为,逐渐形成了量子场论的第一个版本——量子电动力学。

经典电磁场理论原本就可以解释电磁波,也就是光子的波动性,所以理论升级工作的主要任务,就是想办法体现出粒子性。用物理专业的术语来说,这一步叫作"量子化"。至于具体的操作方法,说起来可能会让非物理专业的读者感到意外,物理学家居然只借助一根司空见惯的弹簧,就实现了能量的量子化。如右图所示。

简单地说,弹簧的能量具有阶梯状分立的级别,能级之间的跨度是$\hbar\omega$,其中$\hbar$是约化普朗克常数,ω是弹簧的振动频率。由于分立能级的存在,这根弹簧如果与外界交换能量的话,吸收或者放出的能量总是$\hbar\omega$的整数倍。于是,每个$\hbar\omega$大小的能量包就成了弹簧吸收或者释放的"能量子"。

我们在宏观情况下感受不到弹簧的能量台阶,误以为其能量总是连续变化的。那是因为$\hbar$实在太小了,只有大约10^{-34}焦耳·秒。即使是一根每秒振动1000次的超高频率弹簧,它的能量台阶跨度也密得无法感知。如果它在室温下被一个空气分子撞击一次,就会跨越100亿级台阶。

有趣的是,弹簧的最低能量状态并不是0,而恰好是半个能量包。我们可以这样理解:处在最低能量状态的弹簧中,会因随机出现的振动而蕴藏着能量,这些能量或高些或低些,反正都不够跨越第一级台阶,而是在0到$\hbar\omega$之间概率均等地存在,其平均值恰好就是$\hbar\omega$的一半。

当然,不仅是弹簧,一切做简谐振动的物体都具有这个$E = \left(n + \dfrac{1}{2}\right)\hbar\omega$的能量特性。

物理学家把电磁场类比成弹簧编织的网络,电磁波就相当于网络中此起彼伏的振动,于是就顺利地解释了电磁波的粒子性。频率为ω的电磁波,与外界交换能量的最小单位是$\hbar\omega$,也就是一个光子的能量。每当电磁场积蓄的能量增加一个$\hbar\omega$,我们就说电磁场**激发**出了一个光子。

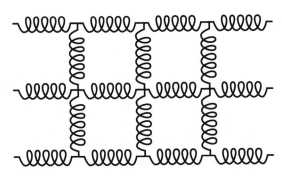

弹簧网模型的优雅程度远胜过跳闪小点模型,这是量子理论一次意义极为重大的升级改造。它不仅调和了量子力学与狭义相对论,而且为后续的理论研究提供了非常友好的物理图像基础。

在量子场论发展了近20年之后,这个理论给出了迄今为止人类对自然界做出的精度最高的科学预言——电子磁矩因子。它是体现电子磁矩与角动量之间关系的无量纲常数。量子场论对这个物理量的理论计算值与实际实验测量值在小数点后11位仍保持一致。这不仅是物理学引以为傲的成就,而且是自然界对整个现代科学和数学所给出的首肯和嘉奖。

实验测量值：	$g = 2.0023193043617$
理论计算值：	$g = 2.00231930436\cdots$

量子场论的奠基工作及早期成果很多都来自英国的物理学家保罗·狄拉克,他提出的狄拉克方程是量子场论的重要方程。这位以沉默寡言著称的天才性格冷傲孤僻,平日里最大的爱好就是趴在书桌上摆弄各种数学公式以获得物理灵感。

1933 年,狄拉克与薛定谔一起获得了诺贝尔物理学奖。然而彼时年仅 31 岁的狄拉克,居然因为不想出名而打算拒绝领奖。卢瑟福告诉他,如果真的拒绝领奖,他会更出名,招惹的麻烦也会更多。

9.2 普朗克长度

弹簧网模型中隐含着能量与空间尺度之间的微妙关系,**更微小的尺度对应着更高的能量**。正是出于这个原因,观察物质的原子排布时,光学显微镜已不够用,必须使用电子显微镜;研究更细微的原子核内部时,则需要动用大型对撞机;研究基本粒子以及更微观规律的物理分支被称为高能物理。

为什么尺度与能量之间存在这种反比例关系呢？我们知道,电磁波的速度 c 是固定值,所以光的波长 λ 与频率 ω 之间存在反比例关系,即 $\omega\lambda = 2\pi c$。频率对应光子的能量,波长对应光子边界的模糊程度。

自从德布罗意的物质波理论被证实之后,我们知道了万物皆有波粒二象性。这套逻辑可以照搬到任何物质上。一个电子或者质子,其至一个铅球的能量与自身物质波的波长之间也存在同样的关系。

当我们试图看清微小空间里的情况时,无论使用光学显微镜、电子显微镜,还是其他探测方式,本质上都是将尽可能多的能量聚焦到这个微小空间内。只有足够高的能量,才能保证"探针"的尖锐和清晰。

然而相对论告诉我们,能量就是质量,如果把足够多的质量集中到狭小的空间中,最终就会形成黑洞。一旦达到这个临界状态,即使发射出去的探针再尖锐,也无法被反射回来,我们也就无法得知探测目标的情况。如果此后继续增加能量,黑洞会变得更大,被遮盖的无法探测的区域也就更大。

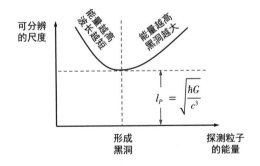

由于这种效应,空间距离必然存在理论下限,小于此下限的空间距离不再具有物理意义。由物理规律决定的这个自然像素就是**普朗克长度**,一般用l_P表示。它是理论上的最小空间区分度,也是理论上最小黑洞的直径。

从某些意义上来说,普朗克长度意味着空间本身的量子化,物理空间不再是光滑连续无限可分的对象。需要注意的是,我们并不能因此将空间想象成梅花桩一样的散列点阵,因为离散的是空间本身,根本不存在"桩"与"桩"之间的空隙。

普朗克长度是一个非常小的尺度,大约为1.6×10^{-35}米,比原子核小近 20 个数量级;原子核尺寸比地球也小近 20 个数量级。所以我们在研究中子、质子和电子的时候,完全不用担心会遇到马赛克画面。就像以原子核为像素描绘地球和月球一样,分辨率足够高。

必须说明的是,我们目前掌握的理论其实并不能很好地描述普朗克尺度上的物理规律,更不要说技术手段上的探测了。得到这个理论下限的依据,仅仅是现有的量子理论和相对论向高能条件的粗糙延伸。所以对这个自然像素的具体数值不必太过较真,只知晓它大概的数量级即可。

频率与波长的关系	$\omega\lambda = 2\pi c$		
量子理论频率即能量	$E = \hbar\omega$	如果 λ 与 R_s 尺度相当	$\lambda \sim R_s \sim l_P = \sqrt{\dfrac{\hbar G}{c^3}}$
狭义相对论质量即能量	$E = mc^2$		
广义相对论黑洞半径	$R_s = \dfrac{2GM}{c^2}$		

由普朗克长度配合其他物理学常数,可以诱导出一整套物理量的理论极限边界。

普朗克时间(l_P/c)是最短的时间间隔。不难理解,由于空间不连续,就会导致与空间平起平坐的时间也不连续。

既然有了最短时间,就会有最高频率,于是也就确定了**普朗克能量**($\hbar c/l_P$)。它是单个基本粒子可能具有的最大能量。

由质量与能量的关系可以推导出**普朗克质量**($\hbar/l_P c$),也就是单个基本粒子可能具有的最大质量,同时也是一个黑洞可能具有的最小质量。

此外,能量和温度可以通过玻尔兹曼常数 k_B 联系起来,所以由普朗克能量可以得出**普朗克温度**($\hbar c/l_P k_B$)。它是理论上可能达到的最高温度。

普朗克长度	$l_P = \sqrt{\dfrac{\hbar G}{c^3}}$	约 1.6×10^{-35} 米
普朗克时间	$t_P = \dfrac{l_P}{c} = \sqrt{\dfrac{\hbar G}{c^5}}$	约 5.4×10^{-44} 秒
普朗克能量	$E_P = \dfrac{\hbar c}{l_P} = \sqrt{\dfrac{\hbar c^5}{G}}$	约 2×10^9 焦耳
普朗克质量	$M_P = \dfrac{\hbar}{l_P c} = \sqrt{\dfrac{\hbar c}{G}}$	约 2×10^{-8} 千克
普朗克温度	$T_P = \dfrac{\hbar c}{l_P k_B} = \sqrt{\dfrac{\hbar c^5}{G k_B^2}}$	约 1.4×10^{32} 开尔文

各种普朗克量不是摆弄量纲的游戏,而是指引物理理论研究的重要路标之一。这些理论极限的估计值就像我们瞭望时看到的地平线。虽然那里未必是人类探索之路的终点,但至少是眼前所有已发现的理论最终得以汇聚的地方。

相信许多读者都或多或少地了解,相对论和量子理论至今尚无法完美统一,甚至存在一些原则性的互斥。如何建立一套同时包容二者的**量子引力理论**,是百年来无数物理学家孜孜以求的终极梦想。

就像广义相对论在小质量和低速条件下会退化成牛顿力学一样,一个合理的量子引力理论在普通条件下也会退化成相对论和现在已知的量子理论。只有在足够极端的条件下,量子引力理论才能展现出其特殊的解释和预言能力。那么什么样的条件才称得上极端呢?前面那些普朗克量给出的极限边界值就是最好的指路罗盘。

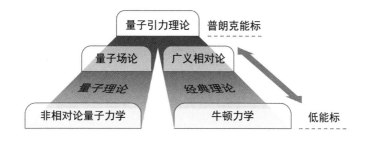

9.3 真空中的能量

量子场论原本的出发点旨在推演发现所有能标的物理规律,最终触及普朗克能标挖掘量子引力理论。然而随着理论研究的发展,物理学家们很快就发现了不利的苗头,理论模型对一些物理量会给出无穷大的结果,这似乎暗示理论本身的自洽性存在问题。

想象一下,如果你奋笔疾书一整天,最终计算出原子核中的一个电子具有无穷大的质量,会不会感到很崩溃? 遗憾的是,初代量子场论的研究者们就经常遭遇这样的崩溃瞬间。

所幸理论物理学家大都是一群聪明绝顶的人,他们被时不时冒出来的无穷大搞得实在恼火,干脆就发明出一套"作弊攻略"。具体做法五花八门:有时需要用实验测量值来替代那些算起来是无穷大的参数;有时需要用数学技巧引入一个无穷大来与另一个无穷大相互抵消;还

有时甚至需要直接粗暴地去除产生无穷大的贡献项。

这套绕开无穷大的攻略被称为**重整化**。在一些物理学家眼中,它是量子场论的"槽点",而在另一些研究者看来,它是穿越迷雾所仰赖的重要途径。真相到底是什么?让我们通过一个**真空零点能**的例子,体会重整化是如何发挥作用的。

当你睡前关闭卧室的灯后,卧室里原本四处涌动的电磁波失去了能量来源,悄然平静下来。但是电磁场的能量不会降低到0,根据前面提到的弹簧能级的结论,卧室里电磁场的能量最低只能到 $\frac{1}{2}\hbar\omega$。

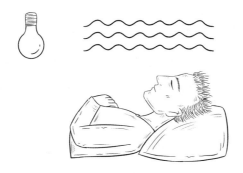

同样的情形也适用于宇宙中每一处真空。由于随机涨落,场的真空态始终不是彻底的宁静。换句话说,既然有 $\frac{1}{2}\hbar\omega$ 能量一直存在于真空里,那我们可以认为,它就是真空所具有的能量。

那么问题来了,当我们说真空具有 $\frac{1}{2}\hbar\omega$ 这么多能量的时候,其中的 ω 究竟是指哪个振动频率呢?答案是所有可能的频率!因此,真空里的总能量就应该是无数个 $\frac{1}{2}\hbar\omega$ 的总和,这显然是一个无穷大的结果。是的,你没有听错,按照弹簧网模型,真空本身拥有无穷大的能量。

面对这个无厘头的结论,有些研究者居然找到了一个与无穷大真空能量共存的办法。类比生活中电压的概念,当我们说一根火线的电压是220伏时,其实是在说这根线与地线之间的电势差为220伏。而接地线的电势可以人为随意规定,真正重要的是电势差,不是具体的电势数值。

那些研究者认为,真空中的能量就相当于接地线的电势,它的具体数值并不重要,重要的是物质与真空之间的能量差,这个差值才是物质所具有的能量。在具体的计算过程中,这个差值就体现为无穷大与无穷大之间的差,需要在数学处理上十分小心。

这个说法似乎有些道理,但它到底是学术忽悠还是客观事实,需要通过实验来检验。1948 年,荷兰物理学家卡西米尔提出了一种实验设想,用来检验量子场论对真空能量的描述是否靠谱。

他的方法说起来非常简单,就是在真空中放置两块平行的金属板。由于电磁波遇到金属板会反弹,夹缝中的大部分电磁波会在来回反弹中衰减,只有满足板间距离恰好是波长整数倍的那些波才能幸存下来。

也就是说,夹缝里面所允许的振动模式比外面要少一些。这代表着虽然夹缝内外的真空能量都是无穷大,却并不相等,而且内部的真空能量更少。此外,板间距离越小,内部真空能量就越少。

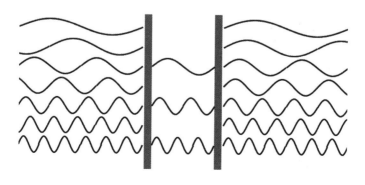

自然界的普适规律是,系统总是自发地向着低能量的状态"堕落"。所以可以想象,真空中的两块自由金属板肯定会自发相互靠近,以期达到系统总体能量更低的状态。宏观上的表现就是,真空中的两块平行金属板会相互吸引,这就是**卡西米尔效应**。

这个实验原理并不复杂,但是卡西米尔效应非常微弱,对环境和测量精细度要求非常高。直到1996年,华盛顿大学的一个团队才完成了这个实验,证实了卡西米尔在半个世纪前提出的设想。当时实验团队把两块数平方米大的金属板小心地平行放置在仅几微米的距离处,才勉强产生了可测量的吸引。

卡西米尔效应的验证,有力地证实了真空零点能的存在,同时也支持了弹簧网理论模型。但是,如果就此承认我们时时刻刻都浸泡在能量无穷大的海洋里,恐怕仍然是一个令人感到别扭的结论。至少这不应该是终极物理规律该有的样子。

实际上,目前绝大多数研究者都认为,量子场论只是一个**低能有效理论**。这个概念的含义是,微观世界的真实面目肯定不是简单的弹簧网模型,但是在低能标条件下,我们可以用弹簧网模型近似地描述。这就好比桌面本不是绝对光滑的平面,但是在宏观尺度上,我们可以将其视为平面。

那些理论中出现的无穷大无疑是在告诉我们,理论并不知道极高能标的世界是什么样子的。然而存在某个确定的截断,可以消除无穷大并得出符合实际的结果,这反而是在向我们昭示理论模型得以生效的边界。也就是说,在某个确定的能标下,世界确实可以被看作是一张弹簧网。

为了更好地体会,我们用重力理论来作类比。在地球表面考虑重力时,会将重力加速度看作固定的数值。只要一直在地球表面附近做实验,一个均匀的重力场模型就可以很好地提供计算结果。我们还可以把这些在地球表面建立的理论模型用于月球和火星上。在照搬理论框架时,只需要重新约定重力加速度的具体数值即可。至于适合月球或火星的新数值是多少,只要简单地做个实验就可以测量出来。

在这个例子中,取重力为 mg 就是一个特定范围内的有效理论,其背后的真正高阶理论是万有引力定律 $F = Gm_1m_2/r^2$,而在不同行星表面的不同参数 g,就是同一个高阶理论在不同场景中的投影。通过研究这些投影之间的关系,研究者们也能隐约发现一些高阶理论的痕迹。

类似的,重整化也从最初的"作弊攻略"渐渐变成了研究者们摸索高阶理论的途径之一,被研究得越来越深入。在最终目标尚未呈现之前,也许没有人能够说清楚哪条探索路径更合理,但重整化这种方法可以帮助我们先踩实脚下的每一步,再像剥洋葱一样逐步解开更小尺度内的奥秘。

9.4 基本粒子标准模型

作为量子场论的第一个版本,量子电动力学曾在20世纪50年代陷入强弩之末的尴尬境地。正当主流研究热情逐渐降温之时,杨振宁和米尔斯却为量子场论的再次腾飞悄悄埋下了一颗种子。

在第4章中提到过,对称性与守恒量之间存在一一对应关系,比如电荷守恒对应量子相位对称性。这个量子相位对称性,就是量子电动力学中除时空本身的对称性之外唯一携带的局域对称性。如果说量子效应主要源于时空上所附加的额外自由度的话,那么量子相位对称性这个单薄的额外自由度自然限制了量子电动力学的理论承载能力。

在 20 世纪 50 年代,有一些实验结果隐隐约约地显示出,基本粒子作用过程中,还存在同位旋守恒等其他守恒量。这些新发现的守恒量也需要理论中出现相应的对称性与之对应。

1954 年发表的杨-米尔斯理论将量子场论进行了一次重要升级。原本量子电动力学的相位自由度像中学课本上描述振动的相位一样,即相位因子 $e^{i\phi}$ 中的 ϕ,是一个普通的实数,只不过时空中每点 ϕ 的取值不同而已,所以局域对称性就是 $U(1)$ 群,相当于时空每点处藏着自顾自转动的小圈圈,这一点在第 6 章结尾处已经提过。

杨-米尔斯理论的主要内容就是把 $U(1)$ 群推广成更复杂的 $SU(n)$ 群,等于把 $e^{i\phi}$ 相位因子由一个数变成了含多个数的矩阵,这就给每个时空点都扩充了额外自由度。因为矩阵不满足乘法交换律,所以拓展后的对称群是非阿贝尔群。

这个理论不仅以优雅的方式解释了新发现的守恒量,而且首次将局域对称性作为相互作用的产生机制,开启了物理学研究的全新视角和空间。几十年之后,各种以局域对称性为出发点的场论蓬勃发展,所有此类理论被统称为**规范场论**,这是理论物理研究中一个非常活跃且重要的领域。

然而,那时理论中所描述的满足对称性的某些粒子的质量必须为 0,这是一个与实验现象不符的结论。由于这个问题,杨-米尔斯理论被搁置了十来年。直到 20 世纪 60 年代,对称性自发破缺机制被发现之后,人们对这个理论的研究热情才被唤醒。

以此理论为模板,温伯格、格拉肖、萨拉姆在 1967 年梳理出了电弱统一理论,弗里奇和盖尔曼在 1972 年提出了量子色动力学。基本粒子间的各种相互作用前所未有地被清晰呈现出来。

在杨-米尔斯理论提出近 20 年之后,所有基本粒子及相互作用终于在此理论框架内各安其位,形成了基本粒子标准模型。延续了半个世纪的粒子物理探索之路,就此树立起了一块大大的里程碑。后来,实验验证工作又延续了数十年。标准模型中最后一个待验证的粒子——希格斯玻色子,一直到2012年才被证实存在。

量子场论名称	局域对称性	描述的相互作用
量子电动力学	$U(1)$	电磁相互作用
电弱统一理论	$SU(2) \times U(1)$	电磁相互作用和弱相互作用
量子色动力学	$SU(3)$	强相互作用
标准模型	$SU(3) \times SU(2) \times U(1)$	除引力之外所有相互作用

标准模型中有费米子和玻色子这两大类基本粒子。其中费米子是物质的基本构成单元,都是自旋为 $1/2$ 的粒子,遵循泡利不相容原理;而玻色子则是传递相互作用的载体,自旋为整数,相同状态的玻色子可以不受泡利不相容原理的限制挤在一起。

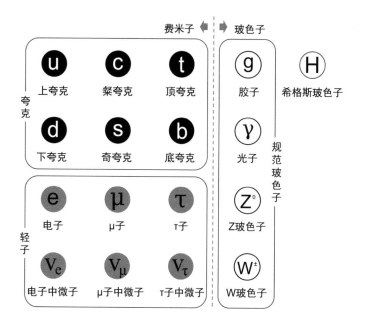

在微观世界里,所谓相互作用,就是交换玻色子。

◎ 承载电磁相互作用的玻色子是光子,只有1种,对应 $U(1)$ 群的一个自由度。

◎ 承载弱相互作用的玻色子有 W^+、W^- 和 Z^0 共3种,对应 $SU(2)$ 群的3个自由度。

◎ 承载强相互作用的玻色子是胶子,有8种之多,对应 $SU(3)$ 群的8个自由度。

◎ 希格斯玻色子稍显例外,没有直接承载相互作用,只引发对称性破缺,从而使粒子携带上质量。

由此可以看出,这些相互作用中,最复杂的就是由 $SU(3)$ 群所主宰的强相互作用。就像参与电磁相互作用的粒子都带电荷一样,所有夸克都携带一种复杂的荷,物理学家直接借用颜色,称呼其为"色荷"。

电荷只有一种,而色荷则有3种,分别为"红""绿"和"蓝"。当然,这里所说的颜色并不是日常生活中的颜色,纯粹只是抽象命名。如果将这3种色荷改名成"魏""蜀"和"吴",也不会耽误理论正常工作。

电荷有正负之分,色荷也有"正色"和"反色",而且色荷的正反关系比电荷更有趣,比如反红=绿+蓝。其他反色以此类推,或者等价地说,红+绿+蓝=0。

色荷永远不会在宏观尺度上显现,因为只有总色荷恰好为0的粒子才是自由粒子。一个质子或者中子能够独立存在,就是因为它由3个夸克组成,而且这3个夸克的色荷恰好完全中和。

总之,强相互作用中的对称性比电磁相互作用和弱相互作用复杂得多。由于强相互作用因色荷而生,相关的理论称为量子色动力学。在这个理论的形成过程中,盖尔曼的贡献厥功至伟。尽管他在1972年才正式完成量子色动力学的理论模型,但早在10年前,他就已经开始酝酿这一理论,并在1964年提出了夸克的概念。

盖尔曼7岁自学了微积分,15岁就进入耶鲁大学学习物理。他喜欢观察鸟类,热衷收集古董,对历史和民俗也颇有研究,曾经参与过《大英百科全书》第16版的编辑工作。他的语言能力也非常惊人,能够熟练使用13门语言,曾协助语言学家编辑《人类语言的演化》,据说还当面纠正杨振宁的中文。

然而,盖尔曼晚年提起在耶鲁大学最初学习物理时的感觉,居然是"不喜欢"和"非常头疼"。也许正是由于他早年对物理的兴趣不高,当他从耶鲁大学毕业时,没能争取到心仪的普林斯顿大学,哈佛大学虽然愿意接收他,却不提供奖学金,最后他只能悻悻地去了麻省理工学院。

万物理论中的高维空间

> 现有的物理理论还有诸多令人不满意的地方,物理学家们在寻找更高阶的新理论时,总喜欢寄希望于空间的额外维度。超弦理论将这一点发挥到了极致,各种与额外维度有关的创意几乎都源自弦理论的研究。

10.1 大统一理论和弦理论

基本粒子标准模型虽然是一个壮观的里程碑,但在当代理论物理学家的心目中仍然难称完美,甚至有相当一部分人认为这个理论一点都不美。是的,物理学家不仅拥有理性的头脑,还拥有一颗感性的心。许多时候,他们仅从审美的角度,就能够判断出一个公式所描述的定律是否牢靠。

其实,物理学家的审美标准说起来也很简单,除了数学形式上的简洁和对称,很重要的一点就是要有浑然天成的感觉,不能有人为调节的因素。比如我们在第9章提到的例子,"重力为 mg"这个理论就不够优美,因为其中的 g 是一个跑动参数,它在宇宙的不同位置的参数值不同。

如果在月球或者火星上使用这个理论,需要先做实验,测量出这个参数的值。

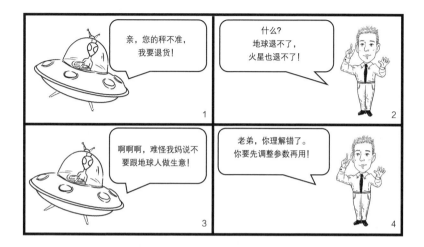

很不幸,标准模型中类似的跑动参数多达26个,它们在不同能标下会取不同的值,需要做实验测量出来。至于为什么会取这样的值,标准模型理论本身给不出任何理由,只有更高阶的理论才能解释。这也正是高能物理研究者们深知标准模型远不是理论研究终点的原因。

早在20世纪70年代标准模型呱呱坠地之时,人们就意识到,电磁相互作用、弱相互作用和强相互作用应该源自同一对称性,它们在能标降低过程中发生了对称性自发破缺,才分裂成3种不同的相互作用。既然如此,就应该存在一个形式更统一的理论。

从数学上来说,就是把 $SU(3) \times SU(2) \times U(1)$ 揉进一个更大的简单群,比如 $SU(5)$ 群、$SO(10)$ 群或者 $E(6)$ 群等,就像给那3个小群找一个"公倍数"。以这种方式统一电磁相互作用、弱相互作用和强相互作用的理论,被统称为**大统一理论**。

通过引入更统一的对称性,确实可以解释一部分跑动参数,甚至可以给出一些暗物质的候选对象。其中,$SU(5)$群最小,基于这个群的大统一理论最为简约,缺点是它只能消除26个参数中的15个,剩下的11个参数仍然无法解释。$SO(10)$群和$E(6)$群都比$SU(5)$群大,相应的理论也更复杂,而牺牲简约性的回报则是绝大部分参数能够消除。

当然,更复杂的理论中会出现更多的"副产品"。这些被大统一理论所预言的新粒子或质子衰变等新现象,就可以作为实验验证的考察对象。可惜这些待验证对象基本位于非常高的能标范围,目前的技术手段较难实现。少数可以通过现有手段勉强检验的部分,结果比较令人失望,所以暂时还无法确定哪种大统一理论更贴近自然规律的真相。

需要注意的是,大统一理论所努力的方向,只是标准模型向更高能标的纵向升级,并没有刻意寻求横向扩展,也就是没有考虑容纳引力。另有一些试图将引力也统一起来的理论,被称为**万物理论**(Theory of Everything,简称ToE)。但万物理论这个名字听起来太傲慢了,儒雅的物理学家更愿意称呼它为**量子引力理论**。

无论使用什么理论模型,只要能够建立量子化的引力机制,使其在宏观尺度上无缝对接广义相对论,并能与其他作用力的量子理论相容,就算是成功的量子引力理论。

鉴于场论的方法如此成功,人们自然会想到用同样的研究思路来实现引力的量子化。引力场确实可以表述成局域对称性为$SO(3,1)$群的规范场。$SO(3,1)$群就是3个空间维度和1个时间维度构成的4维时空中,所有转动和伪转动构成的群。这个场的振动就是4维时空本身的振动。

虽然数学处理上要难得多,但可以模仿量子场的模式将时空本身的振动量子化,这样就完成了量子化的第一步,还得知引力子是一种自旋为2的粒子。然而后续的步骤却困难重重,根本无法进行下去。在数学上体现出的直接结果就是引力不能被重整化,那些无法绕开的无穷大就像陡峭的山崖,告诫在谷底摸索的人们应该另寻他途。

好在我们并不是空手而归,至少知道:如果引力可以被成功量子化,引力子必然是自旋为2的粒子。在其他量子引力的理论模型中,最知名的就是弦理论了。与大统一理论不同,弦理论并不是脱胎于标准模型,甚至都不属于量子场论,而是一个另起炉灶新构建的理论体系,它旨在承载高能标的物理规律。不过,最初构建弦理论并不是为了解释量子引力,而是为了解释强相互作用。后来偶然间发现弦理论模型中居然可以包含自旋为2的引力子,这纯属无心插柳的意外收获。

顾名思义,弦理论就是认为构成世界的基本单元是1维的弦,而不是0维的点。这种设定避免了一些无穷大的情况。如果我们说一个0维的点具有质量,则必然意味着无穷大的密度。而如果说一根弦具有质量的时候,就不会出现这种尴尬的情况。

从另一个角度来看,弦理论与量子场论有互通之处。如果说量子场是一张弹簧网,那么把这张网拆散,就可以得到一堆自由的小弹簧。而弦理论中的弦,无论是有两个自由端点的开弦,还是首尾相接形成小圈的闭弦,都是有弹性的。很容易可以看出,许多在量子场论中由振动而生的性质或结论,仍然可以套用在弦的振动上。

实际上,弦理论的优雅之处恰恰在于将纷繁复杂的世间万物统一构建在弦的振动这一机制之上。标准模型中的61个基本粒子,以及未被标准模型囊括的引力子,在弦理论中都变成了弦的不同振动模式。

这实在太符合物理学家的审美了。

此外,弦理论没有太多参数可供调节,这也是该理论的一个可爱之处。除了弦自身的张力系数,其他所有的量,原则上都可以被推演计算出来。不同的弦可以有不同的张力系数,就像不同的弹簧有不同的弹性系数一样。当这个系数确定之后,弦被拉伸得越大,内部蕴含的张力势能就越大,而能量就是质量,所以弦的质量也就由这个系数和弦的拉伸程度决定。

正是由于这些优势,初代弦理论很快就在各种量子引力理论的"候选者"中脱颖而出。但是,过多的关注和期望也使这个理论的发展经历了几番起起伏伏。中间经历的数次理论革命,将在后面的章节中陆续提到。

时至今日,这个理论虽毁誉参半,但仍是量子引力理论最具竞争力的候选者之一。同时,弦理论涉及的范围也超出了既定目标,在宇宙学、凝聚态物理学等领域都扮演着重要角色,甚至对纯数学的发展也起到了不可忽视的推动作用。

10.2　超对称带来超空间

超对称理论在物理学中的地位颇为独特。一般物理理论的提出旨在解释某类物理现象,针对相同目标的不同理论模型,虽偶有相互借鉴,但主要是竞争关系。这些理论模型各自给出有差异性的预言,然后通过实验结果来判定胜负。

然而超对称理论却是少有的特例。这个理论提供了一个百搭的假设,与其他理论几乎不构成竞争关系。相反地,有许多理论愿意主动与超对称理论融合甚至深度绑定,以丰富和强化自身的解释和预言能力。大统一理论、弦理论和引力理论等,都在融合了超对称之后实现了巨大的版本升级。

有超对称加持的弦理论,就是**超弦理论**。超对称与引力理论相结合的产物被称为**超引力**。大统一理论与超对称相结合之后倒是没有取新名字,仍然叫大统一理论,然而当专业人士谈及大统一理论时,默认是在说含有超对称的版本。

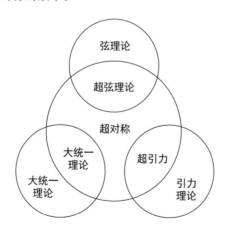

超对称究竟是什么?为什么会被如此多的理论吸收呢?简单来说,超对称就是假设费米子与玻色子之间存在对称性,每种费米子都存在一种玻色子与其对应,反之亦然。也就是说,物质和作用力之间存在对称性。

超对称的内容虽然貌似简单,但它背后的数学结构会产生神奇的加持作用,使许多理论变得更优雅自然。比如在大统一理论中,如果不引入超对称,电磁力、弱力、强力这3种力的耦合常数在高能标区域虽然也逐步靠近,但不会汇聚于一点。而引入超对称之后的大统一理论,3种力的耦合常数则会非常好地在高能标区域交于一点。

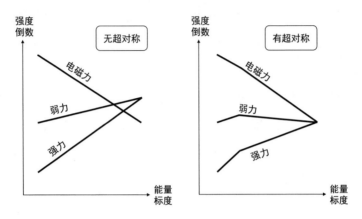

3条线是否交于一点,对大统一理论来说非常重要。因为该理论的出发点就是将强力、弱力和电磁力三者统一。按照理论模型的预期,这3种力在宇宙创生之初都蕴含在同一个规律中,后来随着温度降低到对称性发生破缺,3种力才各自显现。

如果3条线交于高能标区域的一点,那么我们就可以指着那个点所对应的能标说,对称性破缺就发生在这个能量级别,整个宇宙在那一刻发生了"相变"。可是如果3条线没有交于一点,就相当于对称性破缺发生过两次:第一次是强力和电弱作用分离,第二次是电磁相互作用和弱相互作用分离。

超对称与引力理论的关系也非常友好,在一些特定的边界条件下,超对称甚至可以成为广义相对论成立的充分条件。有研究者已经证明,如果存在超对称,那么广义相对论将是最自然而然的引力理论。

也许有读者会由超对称联想到普通物质与反物质之间的对称性。从某种直观感觉上来说,两者确实有一些相似,但无论是物理本质还是数学形式的复杂程度,超对称都更抽象、更晦涩。不过,我们可以借助两种对称性的差异比较,来加深对超对称特质的理解。

首先是对称的工整程度不同。物质与反物质的对称性非常工整,每个粒子与它的反粒子质量相等,自旋相同,电荷则刚好相反。而超对称的情况就有些复杂。在最简单的超对称中,粒子与超对称伙伴对应得也很工整,它们拥有相同的质量和电荷,只是自旋差了 $\frac{1}{2}$。但是这种最简单的超对称模型并不常用,更多时候研究者们会使用自发破缺的超对称,这会导致超对称伙伴的质量变得非常大,无法在低能条件下被探测到,只留下标准模型中的那些粒子成为构成世界的主力军。

两种对称性还有一些区别比较抽象,不太容易用一句话概括,只能请读者耐心地听我娓娓道来。物质和反物质可以通过物理过程相互转化。在介绍量子场论时已经提过,反粒子其实可以看作逆时间传递的正粒子,所以只要把时空中粒子的世界线转动180°,就得到了反粒子。而在超对称中,粒子和它的超对称伙伴之间的"转动"操作不是一个物理过程。也就是说,我们不能通过物理手段把一个粒子变成它的超对称伙伴。正因如此,这种对称性的名字中才有一个"超"字。

因为超对称中的"转动"操作不是物理过程,所以代表这个操作的因子就无法用数来表示,复数也不行。物理学家需要使用一种名为**格拉斯曼数**的特殊数来处理超对称,这种数满足非常古怪的代数规则。

普通数 x 与格拉斯曼数 θ 之间满足交换律。

$$x\theta = \theta x$$

而两个格拉斯曼数 θ_i 和 θ_j 满足反交换律。

$$\theta_i \theta_j = -\theta_j \theta_i$$

取 $i = j$，由反交换律可以推知，每个格拉斯曼数 θ_i 都满足：

$$\theta_i^2 = 0$$

除此以外，还有一些关于积分的约定，这里就不介绍了。估计此刻已经有读者耐心耗尽，不明白为什么要牵扯出这种怪里怪气的数。那么，我不妨直接"剧透"这种怪数的真实意义：**格拉斯曼数就是额外空间维度的坐标值**。

普通数 x 标记坐标的维度，就是我们通过物理过程可以触及的空间；格拉斯曼数 θ 标记坐标的维度，是我们不能感知的额外维度。由二者共同构成的空间，叫作**超空间**。在超空间中，抽象的超对称变成了直观的转动对称。

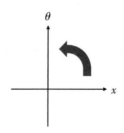

严格来说，超空间并不算是物理学术语，它更像是掺杂了科幻文学色彩的名词。加来道雄写过一本科普书，名为《超空间》，他在书中将许多美妙的幻想与超对称联系在一起，把那些由格拉斯曼数标记的额外维度想象成跟我们这个宇宙相似的其他平行宇宙，这给人留下了深刻的印象。不只是普通人，就连很多物理学专业人士也是通过那本书才第一次听说"超空间"这个名词。

▨ 10.3 弦理论与空间维度数量

超空间到底有多少个维度？相信这是许多读者看到超空间概念后会产生的疑惑。这个问题其实没有统一的答案。因为超空间是伴随超对称产生的概念，而超对称理论本身就存在许多并行的版本，所以相应的超空间结构也不尽相同。

另外，超空间里除了由格拉斯曼数 θ 标记的维度，还有用普通数 x 标记的空间维度。前者是不能通过物理过程进入的维度，我们不妨称之为"影子维度"；后者则是原则上可以触及的维度，姑且称其为"真实维度"。由于影子维度是循着超对称追随真实维度而来的，因此归根结底要搞清楚的还是真实维度的数量。

一般物理理论不会对时空维数有特别的要求。比如相对论，既可以有 4 维时空的版本，也可以有任意其他维度数量的版本。

如果单独看弦理论，可以发现没有限定空间维数的必要，一根弦可以在任意维的空间中振动。但是当弦理论与相对论摆放在一起，两个理论的接缝处居然产生了对时空维数的要求。

要想与相对论兼容，不包含超对称的弦理论只能存在于 25+1 维时空中，即 25 个空间维度和 1 个时间维度；包含了超对称的超弦理论对时空维数的要求不高，但也需要 9 个空间维度和 1 个时间维度。

这个结论的严肃推导过程比较复杂，我们可以借助一些略失严谨性的简化手段，用一种通俗的方式向读者展示出来。

先来了解一些前置预备知识。一根长为 L 的自由弦上可能存在的振动模式有无穷多种，但所有这些模式都必须满足动力学上的限制条件。

通过一些分析可以知道:在开弦上允许的振动,弦长必须是半波长的整数倍,即 $L = n(\lambda/2)$;在闭弦上允许的振动,弦长为全波长的整数倍,即 $L = n\lambda$。因为振动频率 ω 与波长 λ 成反比,所以无论是哪种弦上的振动,其频率分布都是某个固定值的整数倍。也就是说,如果所有振动模式中最低频率是 ω_1,那么其他振动频率就都是这个最低频率的整数倍,即 $\omega_2 = 2\omega_1, \omega_3 = 3\omega_1, \cdots$

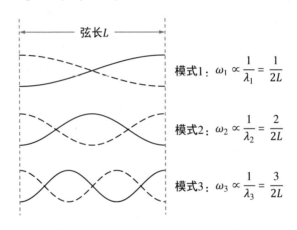

我们在介绍量子场论时曾提到,每种振动模式中都存在 $\left(n + \dfrac{1}{2}\right)\hbar\omega$ 这种形式的分立能级。弦也是量子的,所以也具有同样的能级。这就意味着,即便是处在最低能量状态的弦,也不是一条僵硬的"死鱼",而是靠量子涨落具备了一些能量。

$$\frac{1}{2}\hbar\omega_1 + \frac{1}{2}\hbar\omega_2 + \frac{1}{2}\hbar\omega_3 + \cdots = \frac{1}{2}\hbar\omega_1(1 + 2 + 3 + \cdots)$$

这些只是在一个自由度内的所有振动模式。如果弦在多个自由度内都可以振动,真空态能量还要乘以振动自由度的数量。

了解了以上的前置预备知识后,现在正式开始推导。相对论时空结构要求，无论在几维时空中，光子或者其他在真空中以光速传播的粒子，其静质量都必须为 0。依靠这条限制，我们可以得出与弦理论匹配的时空维度数量。

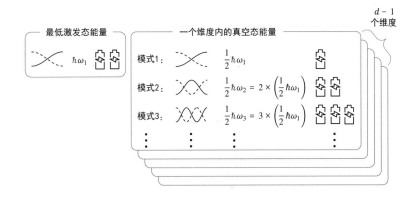

下面我们用弦的振动来激发出一个光子。很显然，弦所能激发出的最小一份能量就是 $\hbar\omega_1$。然而这并不是能量的全部。别忘了，弦本身还有真空态能量。那些真空态能量的总和应该为：

$$\frac{1}{2}\hbar\omega_1(1 + 2 + 3 + \cdots) \times \text{振动自由度的数量}$$

这里的振动自由度的数量应该是多少呢？也许有些读者会以为是空间维度的数量，其实不然。还记得相对论时空的动尺变短效应吗？运动方向上的空间距离会被压缩，这个效应的极限情况就是当粒子以光速运动时，在运动方向上的空间距离被彻底压缩为 0，这个方向上不存在振动。因为我们讨论的就是光子，所以在 d 维空间中振动自由度是 $d - 1$。

将最低激发态能量和所有基态能量累加，才是由弦所描述的一个光子所具有的能量。而这个能量总和为 0，于是就得到：

$$\hbar\omega_1 + \frac{1}{2}\hbar\omega_1(1 + 2 + 3 + \cdots) \times (d - 1) = 0$$

将等式进行简化,就变成了:

$$1 + \frac{d-1}{2} \times (1 + 2 + 3 + \cdots) = 0$$

从这个式子中能够看到对维度数量 d 的限制。在求解 d 之前,我们还要解出 $1 + 2 + 3 + \cdots$ 这个所有自然数之和。

尽管这个和看起来是无穷大,如果真的动笔算一算也会发现它确实是无穷大,但物理学家们有办法让它变成一个有限的数。事实上,物理学家们使用的数不仅有限,而且是一个负数。

还记得我们在量子场论的部分提到的重整化吗?就是在无穷大与无穷大之间寻找有限数值的那些技巧。在众多的技巧中,有一个常用的技巧,就是用一个有限数来代表自然数求和。这个数值就是 $-\frac{1}{12}$。是的,你没有看错,在某些情况下,确实可以约定:

$$1 + 2 + 3 + \cdots = -\frac{1}{12}$$

把这个数值代入上面简化后的等式,就可以求出 $d = 25$。也就是说,与相对论兼容的弦理论只能生活在 25 维的空间里,再加上 1 维时间,就是 26 维时空。

在超弦理论中,超对称带来的那些影子维度会挤占一些名额,再加上超对称会使真实维度中的振动与影子维度中的振动产生"联动",折算下来,真实维度中的真空态能量提高了 3 倍,所以限制真实维度数量 d 的方程就变成了:

$$1 + 3 \times \frac{d-1}{2} \times (1 + 2 + 3 + \cdots) = 0$$

解得 $d = 9$。也就是说,超弦理论要求的空间必须是 9 维,再加上 1 维时间,就是 10 维时空。

10.4　卷曲的空间维度

　　我们在日常生活中能够感知到3个空间维度和1个时间维度,库仑定律和牛顿万有引力定律中的距离平方反比律也昭示着,能量只在3个空间维度中扩散传播。那么,超弦理论要求的9个空间维度是如何与这些客观现实相调和的呢?

　　弦理论研究者给出的解释是**紧化**。其含义是,空间本来有9个维度,但在9个空间维度中,只有3个维度在宇宙创生后得以伸展开来,成为宏观可感知的维度,其余的6个空间维度没有获得成长的机会,至今仍然卷曲在极小的尺度内。

　　我们可以借助下面这个简化的示例来直观感受一下。一个2维空间的球面,把它沿一个方向不断拉伸,其他方向保持不变,最终这个球面就会变成一个圆柱面。由于拉伸不会改变空间的维度,这个圆柱面仍然是2维的空间。但是如果初始的球面非常小,这个圆柱面就会非常细,在一个粗心的观察者眼里,它就像是一个1维的空间。当这个观察者靠近仔细端详,就会发现这个看似1维的空间中,在每一点处还藏着另一个卷成小圈的维度。

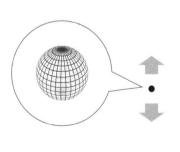
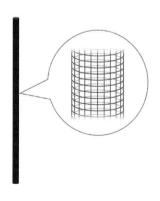

　　超弦理论认为,我们所处的宇宙空间就是3个伸展维度加上6个卷曲维度的9维空间,在宏观3维空间的每一点处都藏着一个卷曲起来的6维小空间。1984年前后发生了第一次超弦革命,这次理论革命的重要突破之一,就是威滕等人找到了一种恰当卷曲6个空间维度的方式——卡拉比–丘流形。

　　卡拉比–丘流形代表的是一类拓扑流形,具体的构型有许多种。不过,无论哪种构型,卷曲的方式都比莫比乌斯带和克莱因瓶复杂得多。威滕找到了其中一种合适的流形,使在此流形上构建的超弦理论能够在低能条件下与标准模型比较自然地对接。引人注意的是,这种拓扑流形上孔洞的数量居然直接对应标准模型中夸克的世代数量。夸克有3代,是因为流形上有3个孔洞。

     ……

　　卡拉比–丘流形为超弦理论的发展提供了新的"弹药",也掀起了理论研究的热潮。随着更多天才涌入这个领域,超弦理论出现了"诸侯割据"的局面,其中有5个"山头"很快显现出来。

◎ Ⅰ型超弦理论;

◎ ⅡA型超弦理论;

◎ ⅡB型超弦理论;

◎ O型杂化弦理论;

◎ E型杂化弦理论。

　　这5种理论虽然能够自洽,但各自也有明显的缺陷。它们在低能条件下无法100%地与既有事实完全调和一致。更尴尬的是,它们很难从竞争理论中搬运"营养成分"来补充自身的不足。

超弦理论在这种僵局中逐渐陷入沉寂。直到 1995 年,威滕受 11 维超引力理论及一些对偶关系的启发,在原来超弦理论之上增加了 1 个维度,提出了 11 维时空的 **M 理论**。通过这个新增的维度,原本割据的 5 种超弦理论居然被统一起来了。这 5 种超弦理论连同 11 维超引力理论,原来都是 M 理论在某种极端情况下的退化形式。

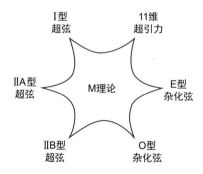

相信一些记忆力好的读者此刻一定会产生疑问:前面不是说能与相对论兼容的超弦理论只能在 10 维时空中吗?增加了一个维度之后,还怎么跟相对论兼容呢?

答案是 M 理论不仅在时空上增加了一个维度,还使构成世界的基本单元也增加了一个维度,即从 1 维的弦变成了 2 维的膜。因此,也有人建议将 M 理论称为"超膜理论",但并未被采纳。直到现在,即使那些天天摆弄 2 维膜甚至更高维单元构件的研究者,也仍然会说自己是在做超弦理论研究。

M 理论的提出使超弦领域再次成为学界的热点,被称为第二次超弦革命。这次理论升级使研究工作的难度一下子跳升了许多。有些物理问题甚至根本找不到合适的数学工具来处理。最容易理解的一个例子是,仅依靠 6 维的卡拉比–丘流形无法容纳 7 个需要紧化的维度,研究者不得不在卡拉比-丘流形之外再增加一些处理手段,同时又要格外谨慎小心,不能破坏对称性方面的要求。

不过,从弦到膜的变化也带来了一些新的可能。一些研究者猜测,也许并不需要把7个维度都卷曲起来。在我们熟悉的4维时空之外,再让一两个维度伸展开,似乎也是一种选择。

霍金曾猜测,我们身处的空间是一个镶嵌在更高维空间中的3维"膜",在那个更高维的空间中还飘浮着其他类似的膜宇宙。我们暂时感知不到其他宇宙的存在,那是因为能量被限制在膜附近传播。如果哪天有其他膜宇宙与我们这个膜宇宙靠近甚至发生碰撞,那么在我们这个世界里就会出现可探测的能量异动。

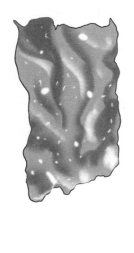

2002年,霍金在北京做过一场报告,主题是"膜的新奇世界"。我就是在那场报告中第一次听到了这些玄妙的设想。虽然在报告后半场介绍数学推导过程的时候我睡得很香,但是在报告前半场,那些脑洞大开的图景还是给我留下了极为深刻的印象。

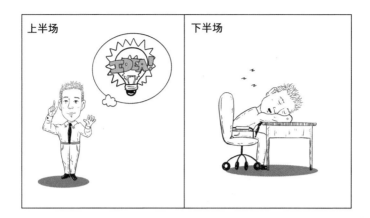

时空的本质和起源

PART ▶▶▶▶ 04

您在
这里

| 第一部分 | 第二部分 | 第三部分 | 第四部分 |

| 数学名词和概念 | 完全能说清的部分 | 基本能说清的部分 | 不太能说清的部分 |

物理学所认知的时空

维度只是幻象

弦理论和黑洞热力学的研究，引领着物理学家们发现了令人惊讶的结果。由此导致研究者们必须重新思考空间的维度概念究竟是什么，维度的数量又是因什么而确定下来的。另外，信息作为一种新的客观物理对象闪亮登场。

11.1 对偶关系

启发威滕将超弦理论升级为M理论的迹象之一，就是超弦理论中的诸多对偶关系。在M理论问世之后，对偶关系的研究更为火热，并很快取得了一系列非常惊人的成果。这些理论成果最终彻底颠覆了我们对时空的认知，引导我们重新思考什么是维度。

弦理论中，最早被认识和研究的对偶关系是一种紧化的空间维度在不同卷曲程度之间的对偶。起初并没有名字，后来其他对偶关系陆续被发现，研究者为了区分，就将其命名为T对偶。

这是一种仅存在于闭弦上的对偶。如果闭弦活动的空间中存在一个紧化维度，这个维度卷曲成半径为R的圈，那么所谓T对偶，就是指卷曲半径为R的情况与卷曲半径为$1/R$的情况之间存在等价关系。

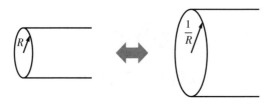

在努力忽略量纲方面的不适之后，就能体会到这个对偶关系的意义。当理论模型在极小尺度内遭遇越来越多的计算困难时，这个对偶关系就可以帮助我们调头，转而在大尺度方向上寻求答案。此时，理论就可以在不需要关心无穷小尺度的前提下覆盖所有尺度。

下面我们就来解释这个对偶关系。

出于简化的目的，我们把闭弦的活动范围限制在2维空间。其中一个维度x伸展，另一个维度y卷曲成半径为R的小圈。将运动的弦看作一个整体，它在这个2维空间中的动量可以沿两个维度进行分解。x方向上的动量p_x可以不受限制地连续取值，但是y方向上的动量p_y就不能连续取值了。

一方面原因是量子理论中动量联系着波长，y方向的波长为$\lambda = 2\pi\hbar/p_y$；另一方面原因是y方向是闭合的圈，这个维度上能够允许的波长必须满足$2\pi R = n_p\lambda$，其中n_p是正整数，也就是小圈周长必须是波长的整数倍。

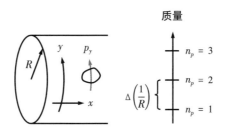

　　将两个等式联合起来,消去 λ 就会发现,动量满足 $p_y = n_p \hbar / R$。可以看出,p_y 不能连续取值,而是存在一些分立的台阶,相邻台阶之间的差距是一个与 $1/R$ 成正比的数值。

　　别忘了,y 是一个紧化维度,在这个维度上的运动从宏观层面上无法被看到。对宏观世界来说,p_y 的存在和变化影响的是弦的总体能量,以质量的形式体现出来。所以刚刚提到的那个与 $1/R$ 成正比的台阶,最终成了弦自身质量变化的台阶。这个维度卷得越紧,R 越小,质量台阶的间隙就越大。

　　现在再来看对偶关系中的另外一边。我们可以把一根闭弦绕在 y 这个紧化维度上,既可以只绕一圈,也可以多绕几圈,所绕的圈数就称为绕数,用 n_w 来表示。显然,n_w 是一个正整数。

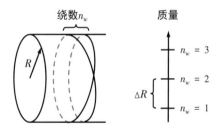

　　把弦想象成一根有弹力的橡皮筋,当它以这种方式绕在紧化维度上时,内部就产生了拉伸,于是集聚了弹性势能。这种能量在宏观上也会以质量的方式体现出来,其具体数值显然与拉伸程度有关。如果弦的原长很小,那么拉伸程度就与 $2\pi R n_w$ 成正比,也就是与拉伸后的总长度成正比。这样就又出现了一种质量变化的台阶,与上一种情况相反,紧化维度卷得越紧,台阶的间隙就越小。

　　所谓 T 对偶,就是这两种质量台阶之间的对偶:在计算弦的质量时,

如果将 R 换成 $1/R$，且将 n_w 换成 n_p，就会看到完全相同的质量变动方式。

除了这种对偶关系，超弦理论中还有 S 对偶、U 对偶等其他对偶关系。这些对偶关系就像不同理论模型之间的"对称"，将表面看似相异的理论联系在一起，共同刻画着相同的物理对象。

超弦理论中的对偶关系不仅众多，而且相互之间还存在着千丝万缕的联系。面对这些对偶关系，即使是非物理专业的人也能够或多或少地意识到，这种数学上的等效性暗示着，在各类理论模型背后应该隐藏着更深层的奥秘等待挖掘。

1995 年，当威滕刚提出 M 理论的时候，他就明确地表示，M 理论可以被视为超弦理论的对偶关系网。其背后的含义就是：先前的超弦理论好比盲人摸象，5 种 10 维的超弦理论和 11 维超引力理论只不过是大象的不同部位而已。

不过，M 理论仍然不是完整的"大象"。在后续的研究中，M 理论又与在黑洞热力学中发展起来的**全息原理**汇合，碰撞出的理论成果对传统时空观念产生了极为深刻的影响。

由特霍夫特和萨斯坎德提出的全息原理，可以被看作不同维度世界之间的对偶。例如，在 3+1 维时空中的一套物理规律，与 2+1 维时空中的另一套物理规律，它们之间可以是完全等价的。也就是说，时空维度数量并不是客观世界中物理本质的一部分，而是跟随我们主观选择的描述方式而变化的。

1997 年，阿根廷物理学家马尔达西那利用 M 理论催生的技术手段，构造出一种全息原理的具体实现，即 **AdS/CFT 对偶**。这一发现有力地验证了全息原理带来的观念革新，让研究者们从此确信维度数量的确不是最基本的客观对象。

由 AdS/CFT 对偶激起的理论研究浪潮,如今已经溢出了超弦领域,或者说携带着超弦理论溢出了追寻量子引力理论的轨道,甚至溢出了高能物理领域,在凝聚态等其他领域落地开花。马尔达西那当初提出 AdS/CFT 对偶的那篇论文,其引用次数在目前物理学论文中高居榜首,足见其影响范围之广阔、影响程度之深远。

为了理解 AdS/CFT 对偶,我们需要先理解全息原理。而全息原理的产生和发展又经历了一个漫长的过程,所以我们不得不将日历翻回 50 年前,从黑洞热力学讲起。

11.2　无毛的黑洞却有熵

在本书第 7 章,我们认识了由广义相对论刻画的黑洞。那是一种时空弯曲的姿态,更直白地说,就是一种几何形状。

能够决定这个形状的因素有 3 个:质量、角动量和电荷。除此之外,再无其他特征线索能够帮助我们辨别两个黑洞的异同。这就是惠勒提出的黑洞无毛定理。

"黑洞无毛"这个名字是惠勒发明的。惠勒是一位语不惊人死不休的"老顽童",我们熟悉的"虫洞""多重宇宙""量子泡沫"等词汇都是他发明创造的。

惠勒对理论研究中许多激进主张都抱持着开放及包容的心态。当他的学生贝肯斯坦提出与黑洞无毛定理相悖的观点时,学界几乎一边倒地质疑和批评,只有惠勒说:"这个想法足够疯狂,所以它很有可能是对的。"

贝肯斯坦的"疯狂"观点是：黑洞具有熵，而且黑洞的熵应该与黑洞视界的面积有某种联系。为了更好地理解相关内容，我们在这里有必要先解释熵这个概念。

也许有些读者听说过，熵是关于混乱程度的度量。这个说法没错，但显得过于模糊。其实我们可以更具体地说，熵度量的是一种信息差。一边是洞悉所有微观细节的拉普拉斯妖，一边是只关注宏观状态指标的普通人，二者所掌握的信息差就是系统的熵。

如果十万个微观状态都对应着同一个宏观状态，我们当然可以直接用十万这个数字来代表信息差，但是这个数字太大了，物理学家实际上是将十万的自然对数定义为熵。这里取对数作为定义并不是为了计数时节省纸张笔墨，而是为了把乘法变成加法。当我们把两个系统合并为一个系统的时候，总微观状态数是原来两个子系统微观状态数的乘积。取了对数之后，总熵值就等于子系统熵值之和。这样熵就跟质量、能量一样，在多系统合并时成了一种可加量。

不难发现，以这种方式定义的熵，还可以度量信息的容量。例如，一个包含一百万个微观状态的系统，就像一个20位二进制数字，它的每一个具体姿态都可被区分识别，所以它承载信息的能力完全等同于20位的二进制存储器。

$$
\begin{array}{l}
0\ 0\ 0\ 0\ 0\ 0\ 0\ 0\ 0\ 0\ 0\ 0\ 0\ 0\ 0\ 0\ 0\ 0\ 0\ 0 \\
0\ 0\ 0\ 0\ 0\ 0\ 0\ 0\ 0\ 0\ 0\ 0\ 0\ 0\ 0\ 0\ 0\ 0\ 0\ 1 \\
0\ 0\ 0\ 0\ 0\ 0\ 0\ 0\ 0\ 0\ 0\ 0\ 0\ 0\ 0\ 0\ 0\ 0\ 1\ 0 \\
0\ 0\ 0\ 0\ 0\ 0\ 0\ 0\ 0\ 0\ 0\ 0\ 0\ 0\ 0\ 0\ 0\ 0\ 1\ 1 \\
\vdots \\
1\ 1\ 1\ 1\ 1\ 1\ 1\ 1\ 1\ 1\ 1\ 1\ 1\ 1\ 1\ 1\ 1\ 1\ 1\ 1
\end{array}
$$

共 2^{20} = 1048576 种

这里需要注意区分的是,熵值相当于空闲的可用存储空间,而不是已经存储下来的数据。事实上,当我们在一个存储空间中写入数据的时候,就相当于将其中一部分尚未确定的状态确定下来了,也就是在总体上减少了系统的熵。

在上面的例子中,如果将20位二进制数字全部确定,就等于在一百万个可能的微观状态里挑选出了一个状态,此时系统的熵也就降成了0。

复习了熵的概念后,让我们把话题转回贝肯斯坦的观点。他认为黑洞具有熵,就等于说黑洞在确定了质量、电荷和角动量这3个指标之后,还具有大量待定的微观状态。这显然与黑洞无毛定理直接冲突。20世纪70年代初,当贝肯斯坦提出这个观点时,所有研究黑洞的专家都熟知黑洞无毛定理,所以贝肯斯坦遭到很多人的质疑和批评也就不足为奇了。

当时支撑贝肯斯坦观点的只有热力学第二定律,也就是熵增定律。他坚信这个定律比黑洞无毛定理更基本,也更可靠。一块石头掉进黑洞之后,它所含有的熵不会凭空从宇宙中消失,而应该以某种神秘的方式继续被黑洞携带着。

随着命运的齿轮悄悄转动,不久之后,批评声最凶的霍金在推演中发现了黑洞辐射,这就为贝肯斯坦提供了最直接的理论支持。有辐射的物体就会有温度,而温度与熵又是热力学中同源的概念,有温度的物体必然有熵。于是霍金果断改变立场,不仅支持贝肯斯坦的观点,还推演出了黑洞熵的具体公式。根据霍金和贝肯斯坦的计算,黑洞的熵 S 与表面积 A 之间的关系是:

$$S = \frac{kA}{4l_P^2}$$

其中,l_P是普朗克长度。如果把l_P^2称为普朗克面积,那么这个黑洞熵的公式从信息的角度可以解读为:黑洞是一个能够存储数据的大 U 盘,其表面积大小就代表了它的存储容量,每 4 份普朗克面积对应 1 比特信息。

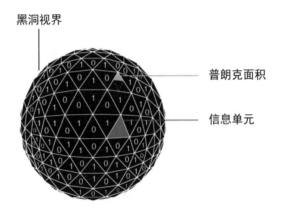

决定信息容量的居然是面积而不是体积,这个结论实在违背直觉,也激起了研究者们的好奇心。许多研究者开始认真分析信息容量的决定因素到底是什么。随着研究的深入,人们逐渐摸索出一些一般规律。1981 年,贝肯斯坦利用量子理论推导出了一个任意物理系统的熵值边界条件。

$$S \leq \left(\frac{2\pi k}{\hbar c}\right)RE$$

这个条件是对所有物理系统都适用的不等式。其中,S代表系统的熵,R是能够包裹住此系统的球的半径,E是包括质量在内的系统总能量,其余在括号里的字母都是常数,k 是玻尔兹曼常数,$\hbar$ 是约化普朗克常数,c 是真空光速。由此可见,系统的熵值上限由系统的能量和尺寸大小决定。日常生活中遇到的物体,其总能量基本上约等于其质量。所以,整体熵值上限就由质量和尺寸大小决定。

从信息容量的角度来看,贝肯斯坦上限也决定了一个系统中可以容纳的最大信息量。现代半导体技术已经能使质量仅为几十克的 U 盘具备数百 GB 的数据存储能力,然而这还远远没有达到理论上的物理极限。按照贝肯斯坦给出的关系,一块 1 平方厘米的硅片最多可以容纳几千 TB 的数据,比现代工艺所能达到的水平高了 4 个数量级。

也许有些读者并不会觉得这个差距很惊人,甚至认为这个容量有点不够用。但细想一下,如果半导体领域的摩尔定律一直奏效的话,每年容量密度都翻倍,最多 30 年之后,U 盘容量不就达到理论极限了吗?其实不必那么悲观,我们还可以增加材料的密度。在有限的空间,贝肯斯坦上限可以随着质量的增加而提升。

那么当密度提升到极限时会出现什么呢?对,就是黑洞。现在我们终于明白了,原来贝肯斯坦上限的真正含义是:**有限空间区域中的熵,也就是所能承载的信息容量,其总量存在上限**。这个结论否定了"一花一世界"或者"一滴水中包含整个宇宙"等说法。实际上,尺寸更小的世界里所能容纳的信息更少。

不仅如此,当我们把黑洞的质量与半径关系代入贝肯斯坦上限的式子中就会发现,那个熵值上限变成了先前计算出的黑洞熵。这就是说,**黑洞不仅是目前人类发现的宇宙中能量密度达到极限的物体,也是熵密度达到极限的物体**。如果不考虑工艺难度的话,用黑洞作为制造 U

盘的材料非常合适。而当使用黑洞制造 U 盘时,其容量就由表面积而不是体积决定了。

当然,用黑洞做数据存储设备时,也许最大的麻烦就是:存进去的数据该如何调取出来。别笑,这并不是无聊的抬杠,而是一个需要严肃对待的问题。事实上,这个问题直接关系到黑洞热力学中著名的悬案——黑洞信息悖论。

▞ 11.3 黑洞信息悖论

用一句话概括黑洞信息悖论,即具有了熵的黑洞虽然维护了热力学第二定律,却似乎破坏了信息守恒律。为了理解这个悖论,我们有必要先理解什么是信息守恒律。

日常生活中的经验告诉我们,信息可以复制和共享。分享信息者不会因为将信息发送出去而丢失信息,所以信息显然与能量或电荷不同,它似乎不受守恒律的约束。那么物理学家所说的信息守恒律究竟是指什么呢?

原来,这个守恒律中所说的信息其实指的是量子信息。经典信息的最小单位是 1 比特,也就是非 0 即 1 的一位二进制数字。而量子信息的最小单位是 1 量子比特,是一个 0 和 1 叠加的量子态。

例如,一个电子的自旋就是一个典型的量子比特。换句话说,一个电子的自旋量子态就是一种最小规模的量子信息。心急的读者大概忍不住要问:"它连自旋向上还是向下都不确定,到底能代表什么信息?"

其实,这恰恰是经典信息与量子信息的差别。

设想某位科学家在宇宙深空中对一个电子的自旋进行测量,测量结果会明确地显示自旋向上或向下。这意味着,这位科学家获得了1比特的经典信息。然而,这在远在地球上的我们看来,测量过程其实是这位科学家连同他的测量仪器以及整艘飞船都与电子自旋态产生了纠缠,整体变成了一堆量子叠加态——科学家看到自旋向上与自旋向下这两种情况的叠加。

我们此时不能用1经典比特来描述这艘飞船的状态,但可以使用1量子比特来刻画,而且这个量子比特就是测量动作未发生前,描述电子自旋态的那个量子比特。

这位科学家将他手中的经典信息传回地球的动作,其实就是让更大范围的系统与那个电子自旋态纠缠在一起。随着这个更大范围纠缠关系的产生,地球上的我们也获得了自旋向上或向下的经典信息。

所以,现在我们知道,原来生活中司空见惯的经典信息,其本质竟然是**观测者与观测对象之间的纠缠关系**。而经典信息的复制和传播,其实是纠缠关系的扩散。在经典信息复制和传播的过程中,宇宙中量子信息的总量保持不变。这就是信息守恒律。

需要补充说明的是,任何一个量子态都不能被精确复制。否则我们就可以在复制一个量子态之后,一个拿去测量位置,另一个拿去测量动量,从而轻松推翻位置与动量间的不确定性关系了。正因如此,一个由量子比特记录的量子信息,不能像经典信息那样被复制多份,只能像电荷那样,从一处搬运到另一处,或像能量那样,从一种呈现形式演化成另一种形式。

　　虽然经典信息可以被复制多份,但那不过是纠缠关系的延伸而已。一份经典信息的所有拷贝,其实都是串在同一根绳上的"蚂蚱",而贯穿它们的那根"绳"就是纠缠关系。如果整根"绳"是1量子比特的量子信息,那么上面的每只"蚂蚱"恰好是1比特经典信息。可见,删除冗余的信息之后,宇宙中经典信息的总量就等于量子信息的总量,所以经典信息总量也受信息守恒律的约束。

　　理解信息守恒律之后,我们再来看看黑洞是如何起破坏作用的。罪魁祸首就是霍金发现的**黑洞蒸发**机制。上一节中提到,霍金推算出了黑洞具有温度。这意味着黑洞像其他具有温度的物体一样,不断地向外散发热辐射。这些辐射会不断带走黑洞自身的能量,从而使黑洞渐渐蒸发,直至彻底消失。最关键的是,霍金的计算表明,黑洞散发的辐射中不会携带任何来自内部的信息。

黑洞是有温度的。

如果在黑洞消失前,有一个尚未被我们观测过的电子坠入其中,那么它所携带的量子信息最终会随着黑洞的消失而消散,宇宙中量子信息总量也因此减少了1量子比特。这样的话,守恒律无疑被打破了。不过,因为那个被黑洞悄悄抹去的量子比特从未与我们发生纠缠,我们似乎可以对这种情况持一种鸵鸟精神。然而真正令科学家无法接受的是另一种情况。

如果坠入黑洞的是被我们观测过的经典信息,事情就变得诡异了。这相当于将纠缠关系的一端丢进黑洞,另一端留在黑洞外。那么最终黑洞蒸发消失后,宇宙中会留下一端悬空的纠缠关系,或者说残缺了一部分的量子态。这就不合理了。

一个完整的量子态中,各种可能的测量结果的概率之和总为1。而被黑洞蚕食过的残破量子态,概率之和不再是1。这使许多物理学家感到不安。尽管他们在霍金的推理中暂时没有找到破绽,但还是坚信,经典信息也好,量子信息也罢,都不会随着黑洞蒸发机制被抹去,信息守恒律在全宇宙范围内成立,一定有尚未被发现的规律保证着这一点。

为了解决黑洞信息悖论,物理学家们可谓脑洞大开,提出了各种新奇有趣的想法。这些想法大体上可以分成两大类。

一类想法是信息确实进入了黑洞内部,至于而后又是如何逃出黑洞的,就是新理论的施展空间了。

霍金的学生佩奇提出,也许黑洞最初一段时间的辐射确实如霍金所说,不包含黑洞内部的信息,但是在达到某种特定条件之后,辐射中就会泄露黑洞内部的信息。这个过程的大概意思是说:如果把黑洞看作一个100GB的U盘,我们已经向其中放入了20GB的经典信息,那么起初黑洞的辐射中不包含任何信息,20GB 的数据还一直留在黑洞中,之后随着黑洞蒸发变小,其信息存储容量也越来越小,当 80GB 的空闲空间都蒸发完后,后续的黑洞辐射中将携带内部信息。

这个设想听起来很有道理,不过对于后面泄露内部信息的具体机制,佩奇并没有给出任何有说服力的说明。事实上,直到今天,为佩奇的设想寻找具体机制的工作仍然是黑洞热力学中非常热门的研究课题之一。近几年来,这方面的工作偶有进展,但距离揭晓答案还有相当长的路要走。

另一类想法是外部的信息从未进入黑洞,当记录着信息的载体坠入黑洞时,其中的信息被截留在黑洞的表面。比如当我们把记录着信息的一本书扔向黑洞,它会在进入黑洞前充分地燃烧,信息就会通过火焰的舞姿散播出去,最后留下不含信息的灰烬落入黑洞,这样就防止了信息进入黑洞。

这个想法虽然简单粗暴,但真的有一派理论设想黑洞视界处存在高能区域,那里发生了纠缠断裂事件,从而将信息从载体上剥离并留在了黑洞之外。这个理论被形象地称为"黑洞火墙理论"。

当然,这个理论明显存在令人难以接受的部分,即在其视界处时空仍然平滑连续,没有理由凭空出现一堵火墙。那么信息在进入黑洞前到底是如何被剥离的呢?

其实,此派理论的提出者们目前并没有针对这个问题给出令人满意的回答。有人使用超弦理论中的某些模型,设想黑洞视界处是一片毛茸茸的半环,当携带信息的物体穿越视界时,那些信息就被"勾住",挂在毛茸茸的半环上。还有人把那些从黑洞表面发出的霍金辐射看作纠缠关系中的"第三者",猜测这些辐射粒子"插足"了纠缠关系,从而把原本应该坠入黑洞的信息"诱拐"了出来。

无论哪种解释,都有不尽如人意的地方。究其根本,主要是我们缺乏足够牢靠的量子引力理论,无法和谐地同时使用相对论和量子理论。

11.4 全息原理

黑洞信息悖论所引发的一系列脑洞中,依照中规中矩的思路来看,解决问题的途径似乎只有两种:要么假定信息进入了黑洞,那就仔细揣摩如何让黑洞中的信息再次"逃"出来;要么假定信息从未进入黑洞,那就专心寻找阻止信息进入黑洞的机制。

然而,由于黑洞极为特殊的几何特性,"信息进入了黑洞"与"信息未进入黑洞"这两种看似矛盾的情况竟然能够同时成立。而且我们仅从广义相对论就可以得到这样的结果,无须动用量子理论。既然没有触及量子理论,这里所说的"信息",自然是指经典信息,而非量子信息。

现在,小明和小亮这对好兄弟再次出场了。这次小亮带上一本《新华字典》向黑洞飞去,小明则留在地球上远远地观察着小亮的旅行。我们知道,黑洞的引力会使周围的时间膨胀,所以从小明的视角来看,小亮逐渐靠近黑洞,他的新陈代谢变得越来越慢,靠近黑洞的速度也会越来越慢。

实际上，即使小明拥有无穷长的寿命，他也等不到亲眼看见小亮穿过黑洞视界的那个瞬间。

如果小明在任何时候想再看一眼小亮携带的那本《新华字典》，他可以拿起望远镜，看向黑洞，就能够获得那份信息。

当然，随着小亮逐渐靠近黑洞，望远镜中小亮的身影以及那本《新华字典》都会变得越来越暗淡，获取信息的难度也会越来越大，不得不使用能接收远红外信号甚至极低频信号的设备。

不过，这些只是技术问题，不是原则性障碍。尽管存在非常高的技术难度，但我们总可以说：在小明所处的参照系中，小亮携带的那本《新华字典》中的信息永远不会进入黑洞，它们在无穷长的时间里都以极低频信号的形式悬浮在黑洞的表面上。

现在让我们换成冒险者小亮的视角。在小亮的参照系中，一切都平淡无奇，时间正常流逝，他的新陈代谢也以正常的速度进行。他会按照旅行计划，在有限的时间内到达并穿过黑洞视界。他携带的《新华字典》当然也会与他一同穿过视界，进入黑洞内部。

在穿过视界时，小亮除了会感受到强大潮汐力的拉扯，并没有其他特别的感觉。如果他身形足够微小，并且足够强壮，也许可以抵抗住潮汐力的拉扯，活着进入黑洞内部。

此后他无退路可走，只能一直朝黑洞中心前进。这段最后的旅程也将在有限的时间内完成。他可以随时翻看《新华字典》，毫无障碍地获取上面的信息。

通过这个理想场景我们可以发现，在不同的参照系中，对"信息是否进入了黑洞"这个问题，居然可以得到完全相反的回答。在小明的参照系中，信息在无穷长的时间内都没有进入黑洞；在小亮的参照系中，信息可以在有限的时间内进入黑洞。

造成这种诡异结果的原因就是黑洞的特殊时空几何性质，它使黑

幸好我有《新华字典》，学习让我更充实。

洞视界面的时空具有某种魔力。荷兰物理学家特霍夫特在仔细思考过这种魔力之后,大胆地提出了一个猜想:黑洞内部与其视界面所含有的信息是等价的,**内部的所有信息都以某种方式编码在其视界面上。**

黑洞内部是一个3维空间,而其视界面是2维的。将3维图像编码在2维底片上的技术叫作全息摄影。萨斯坎德正是联想到了这一点,才将特霍夫特的猜想命名为**全息原理**。

有趣的是,全息原理不仅是对黑洞的猜测,也关乎我们所处的空间。拥有视界面的不仅只有黑洞。我们身处的这个宇宙,因为到处都在膨胀,所以也存在一个连光速都无法逃出的视界面。那是一个距离我们数百亿光年并且如今仍在持续膨胀的巨大球面,我们接收的宇宙微波背景辐射就来自那个球面附近。

球内的部分是我们在理论上能够观测的全部,所以称为可观测宇宙。至于球外的部分,虽然仍是宇宙的一部分,但对我们来说,即使穷尽一切观测手段也始终无法直接获得来自那里的任何辐射。

在这个可观测宇宙的视界面上,推演出全息原理的逻辑同样适用,只不过这时的我们像是身处在黑洞内部一样。若全息原理属实,那么我们周遭3维空间中所有的日月星辰和草木尘埃所含有的信息,都在那个遥远的视界面上有对应的编码。更玄幻地讲,我们这个3维世界中的一切,都是那个2维视界面的投影。

这里必须补充说明一下,全息原理并没有解决黑洞信息悖论,它只是一个在探索黑洞信息悖论过程中产生的"副产品"。然而,这个副产品所产生的影响显然已经远远超出了黑洞信息悖论本身。不同维度数量的两种空间之间竟然存在信息等价关系,这意味着我们必须重新审视维度数量在自然法则中的地位。

我们在某一特定维度数量的空间中所发现的自然规律,将注定不再是唯一可依赖的认识自然的途径。因为在另一种维度数量不同的空间中,会有另外一套自然法则与之等价地相对应。而且这种等价关系所联系的两个世界,在真实性上具有完全平等的地位。如果有人提问:"3维空间中的世界与遥远视界面上的2维世界,究竟哪一个才是客观实在的?"其实我们无从也不该做出选择,只能说二者是同样真实的。

也许有人会觉得这个说法荒谬。因为我们明明每时每刻都真切地感受着3维空间中的世界,从来没有体验过作为2维生物在宇宙边缘的球面上爬行的经历,更不要说体会其真实性了。

之所以产生这种指责,是因为将全息原理中的等价关系错误地理解成了物理法则的简单搬运和宏观物体的一一对应。当3维空间中的物理法则与2维空间中的物理法则相互等价时,这两套法则肯定不是在公式中消去一个维度那么简单。

比如3+1维时空中的广义相对论,可以通过丢掉一个空间维度,变成2+1维时空的版本。但是这两个理论间根本不存在全息原理所指的那种等价关系。无论怎么摆弄2维球面上2+1维版本的相对论,都不会得出球体内3+1维时空中的引力规则。

在与我们这个3维世界等价的2维世界中,我们目前所有已知的物理规律必然会变得面目全非。如果那个2维世界也由基本粒子构成,那么其中的粒子家族的成员肯定也是特性迥异。至于那个2维世界中是否也有生命,就更不得而知了。

为了证明这些猜测不是天马行空的想法,而是实实在在的物理学主张,这里就不得不提及一个有些晦涩的名词,那就是阿根廷物理学家马尔达西那在1997年发现的 **AdS/CFT对偶**。

　　这里的 AdS 是反德西特空间,CFT 是共形场理论。我们暂时不用理会这些术语的具体含义,只要知道马尔达西那发现的对偶关系是一个 4+1 维时空的引力理论与 3+1 维时空的量子场理论之间的等价关系。后者中的 3 维空间恰好就是前者中 4 维空间的边界。

　　尽管这个对偶关系不是建立在 2+1 维时空与 3+1 维时空之间,AdS 空间中的引力也与真实宇宙中的引力略有区别,但是这个对偶关系的发现十分重要,它证实了符合全息原理的模型确实可以被构建出来。

信息、物质与时空

> 　　空间是由更基本的元素堆砌而成的吗？时空、物质、信息，这3种客观物理对象拥有共同的本源吗？尽管当下的物理学还无法提供准确的答案，但相关的许多探索性的研究为我们展现了十分有趣的图景。

12.1　空间量子化

　　全息原理以及更为具体的 AdS/CFT 对偶，对现代理论物理的发展产生了巨大的推动作用。如今"体–边对偶"的思想和研究手段，几乎已渗入物理学的各个领域。即使在超导体、新材料、量子计算等非常贴近现实应用的领域中，体–边对偶也是极为重要且常见的理论工具之一。

　　因为本书主要聚焦于空间本质的话题，所以不会对那些实际应用展开介绍。之所以提及其应用领域，是为了增加读者对全息原理的信心。这一原理虽然目前仍属于假说，但毫不夸张地说，当代物理学家对这一假说的信心不亚于生物学家对进化论的信心。

　　全息原理令人无法抗拒的玄妙之处在于，它仅从经典意义的引力理论出发,几乎不需要借助量子理论或其他物质有关的理论,就可以推演出许多颇具量子味道的属性。这暗示着时空与物质以及经典与量子之间的深刻联系。这也使理论物理学家们坚信,全息原理是一个理论宝藏,值得持续深入挖掘。

那么我们究竟可以从全息原理中发现哪些神奇的暗示呢? 首先就是经典时空中的非定域性。我们最熟悉的非定域性来自量子纠缠,无论相距多么遥远的一对纠缠粒子,一个发生状态变化时,另一个也会立即发生相应的变化。

这正是令爱因斯坦极为不爽的"鬼魅般的超距作用"。然而,估计他做梦也没有想到,在他基于经典观念所建立的广义相对论中,居然也蕴含着这种"鬼魅般的超距作用"。

全息原理所说的体–边对偶关系中,空间区域内的信息与边界上的信息也存在这种联动变化。当边界上的信息有所变动时,内部的信息也立即改变,反之亦然。由于这种信息变化是在对偶关系的两端同时发生,不存在谁先谁后,所以我们不能将体–边对偶关系视为传递信息变化的管道。其实它更像是两个不同世界信息之间的一种"纠缠"关系。与量子纠缠关系一样,体-边对偶关系也不会承载因果关系的传递。《三体》迷们如果想指望全息原理实现"二向箔"的话,恐怕要失望了。

除了非定域性,另一个含义深刻的特性就是熵值的有限性。在前一章中介绍过,无论是贝肯斯坦上限还是黑洞熵,都告诉我们:如果一块空间区域的表面积是有限的,那么这块空间的熵增就是有限的。这意味着空间的微观状态数量是有限的。

那么空间必然存在最小颗粒度,不能像古人想象的那样无限可分。当然,对于这一点,我们在理解普朗克长度时就已经知道了。然而,仅仅存在最小颗粒度还不能保证微观状态数量是有限的,还得要求每个颗粒元素本身所处的状态也是有限的。

如果桌子上的三角板可以旋转任意角度,那么即使每个三角板都是不可再分的最小颗粒,几个三角板所能摆出的姿势也有无限多种,其状态数量不存在上限。要想保证状态总数有限,就要让每个三角板的合法旋转角度存在最小跨度。可见空间熵值有限这一特性指示出了一个更强的限制条件,它不仅要求空间尺度存在下限,还要求空间本身的自由度也是有限的,最起码是离散取值的。

相信有些读者在看到"空间本身的自由度"这个说法时,眉头一定是紧锁的。谈及自由度这个概念时,我们往往想象的是某些可区分的运动方式,且这些运动都是以空间为背景的。但现在我们要讨论的是空间自身,那些以往熟悉的图像就难以辅助想象了,这迫使我们不得不以更抽象的方式来体会空间的自由度。此处,读者尽可以发挥各种想象,以构想抽象的自由度概念。但无论如何想象,总要满足下面这个基本要求。

假设洞悉一切的拉普拉斯妖已经知晓了某块有限区域空间的微观状态,也就是掌握了这块空间在所有自由度上的取值。但是顽皮的拉普拉斯妖决定不向询问者吐露任何具体数字信息,对每一个问题都只回答"是"或者"否"。在这种规则设定之下,如果空间的熵值是有限值,就意味着我们可以用有限个问题从拉普拉斯妖的口中获得确切的微观状态。显然,任何能够连续取值的自由度设定都无法满足这个要求。

当然,我们需要重新适应的远不止自由度这一点,许多与空间、物质和信息相关的观念都需要改变。传统思维模式中,我们认为空间是背景,物质存在于空间中,信息则是指物质的具体状态。然而,全息原理彻底颠覆了这种来自直观感受的传统观念,信息成了跨越不同空间而存在的对象,并不是被包含在某个特定的空间中。

那么究竟该如何理解独立于空间之外的信息呢?也许"上帝的意志"是一种理解方式,但是这对我们构建理论模型的工作并没有什么帮助。考虑到前文还有一个"空间自由度"的概念没有消化,我们干脆把这两个难以理解的概念捏合在一起。

想象存在一种"空间积木",任何一块有限的空间区域都是由有限个"积木"构成的,同时每块"积木"都只能处于有限的几个状态。这样我们就可以在一定程度上把抽象的空间自由度和信息具象地对应到这种"积木"上。

需要注意的是,我们最好不要把这种"积木"想象得过于具象,尤其不宜将其想象成特定维数的某种形状。事实上,空间维度有些类似于温度的概念,是众多"积木"聚在一起时所涌现出的宏观效果,不应出现在最微观的层面。

至于"空间积木"究竟是什么,不同的理论分支虽然名称各异,但实质上几乎都不约而同地指向了同一种对象,那就是**旋量**。通过这个名字就可以猜到,所谓旋量就是跟量子自旋有些关系的量。事实也确实如此,我们暂且可以粗略地说,旋量就是对量子自旋这个属性的一种数学抽象。

为了辅助理解,我们不妨假想电荷是可以脱离物质而独立存在的对象,那么将物质剥离之后,电荷就是一种独立于物质的标量。我们再增加一些抽象程度,假设动量也是一种可以脱离物质而独立存在的对象,就可以想象出独立于物质的矢量。沿着同样的思路继续下去,想象从电子自旋中抹去电子,就可以感受到抽象的旋量。

我们在第8章中已经接触过量子自旋。这里以电子的自旋为例,无论从哪个空间方向上测量它,我们都只能看到完全同向或完全反向这两种结果。而未被观测的电子自旋则处在这两种结果的叠加态。从量子信息的视角来看,一个电子的自旋恰好对应1量子比特的信息。仅凭这一点就能得知,旋量符合我们对"空间积木"的预期。

旋量还有许多优点,这使它成了最适合出演"空间积木"的候选者。不过,严谨的说明需要引入一大堆很抽象的数学内容,鉴于本书的预设目标,这里我们只能简单体会一下。

标量只是一个数值,它本身不会天然携带特定的方向性。矢量虽然天然具有方向性,但又过于呆板,有几个相互线性独立的矢量就会撑起几维空间,根本没有变通的余地。而旋量则恰好处于二者之间,既有方向性,又不是简单僵化地自己确定自己的方向。事实上,矢量的方向性是在多个旋量的相互作用中才展现出来的。基于这一点,经常有人会形象地说:"旋量是矢量的平方根。"

12.2　自旋网络

广义相对论告诉我们:引力是一种不存在的力,其本质是时空弯曲效应的体现。因此,那些用"积木"拼装空间的理论,也是对引力微观起源的解释,即量子引力理论。不过,并不是所有量子引力理论都与空间起源有关。

相信读者还记得,弦理论的目标之一是构建量子引力理论,不过弦理论的基本出发点并不包含解释空间本身的起源,至少在 AdS/CFT 对偶诞生之前的弦理论是如此。在弦理论中,空间是弦的背景和舞台,弦在空间中振动。而引力的产生则源自弦所拗出的某个造型,那个模式恰好对应自旋为 2 的引力子。如此设定之下,引力只是与标准模型中其他物质类似的一种粒子,而空间本身并没有被量子化。

在一些理论研究者看来,这算是弦理论的"硬伤"。他们坚信广义相对论的精神思想更基本,引力与时空本身是不可分割的统一体,那些在光滑连续的时空背景下描绘引力子的理论,不可能是彻底的量子引力理论。真正的万物理论应该是与**背景无关**的理论,描述理论的方程不应镶嵌在任何时空坐标系中,也不应出现对时空坐标求导数这类运算。

LQG(Loop Quantum Gravity,圈量子引力)理论就是在这种纲领的指引下发展起来的。我们知道,广义相对论描述的是光滑连续的时空,一大堆高阶导数像蜘蛛网一样互相影响着彼此。这种形式的表述根本无法容纳不连续的空间。完成破冰工作的是印度物理学家阿什特卡,他经过多年的探索,成功地将时空的描述方式改写成了一种"面目全非"的样子。在这种新形式下,时空可以被切分成离散的小块来表述,不再需要那堆导数,取而代之的是一种名为通量变量的参数。

在阿什特卡工作的基础上,美国物理学家斯莫林和意大利物理学家罗韦利等人着手构建具体的空间堆筑方式。每当物理学家需要构建某个理论模型时,往往第一反应就是去数学家的仓库里翻找一通。这次也不例外,他们发现多年前彭罗斯提出的自旋网络恰好可用,于是就基于此创建了LQG理论。斯莫林将旋量比喻成钥匙环,LQG理论所描述的空间就是由若干"钥匙环"彼此联结编织成的网络。

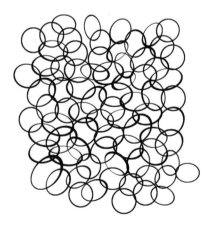

有趣的是,彭罗斯本人得知了LQG理论之后,虽然对斯莫林等人创造性地使用自旋网络非常赞赏,但并不认同这个理论模型对空间的构

筑方式,因为这个理论描述的是一个不包含时间维度的纯空间。随着"钥匙环"的增加,长度、面积、体积这些概念都能够涌现出来,却不能自然地涌现出时间。理论模型中不得不依靠不太自然的方式手工插入时间,从这个意义上来说,LQG只是空间量子化理论,并不是时空量子化模型。

于是彭罗斯自己动手,搞出了一个扭量理论。因为扭量理论和LQG都是基于自旋网络,所以旋量在两个理论中都是基本单元。但是扭量理论使用了更为复杂抽象的聚合和相互作用机制,从而能使众多旋量聚集而成的整体具备相对论时空的特质,这也使扭量理论给人的第一印象似乎更为优雅。另外,相比于只关注引力的LQG理论,扭量理论的目标更为宽阔宏大。扭量理论不仅希望解决时空本身的量子化问题,还试图将物质的起源囊括其中。

可惜扭量理论发展到目前为止,还不能算是完整的理论框架。无论对时空还是对物质的解释能力,都只是在少数场合比较成功,更多的情况下无法提供清晰的图像,甚至给出了与事实不甚相符的结果。

连彭罗斯本人也无奈地承认,扭量理论现在不是,未来恐怕也不会是学界的主流理论。其中一个很重要的原因在于,这个理论的数学味道过浓而物理味道不足,与其他物理理论之间的沟壑太深,这或多或少增加了扭量理论与其他理论相互取长补短的难度。

除彭罗斯之外的研究者,即使对这个理论感到好奇,也只能以赏析的姿态作壁上观。不希望最终变身成数学家甚至哲学家的物理学研究者们,一般对这个理论都难以全情投入。物理学家中也有不畏惧数学的勇士,威滕就曾以物理学家的身份斩获了数学界的最高奖项——菲尔兹奖。可惜威滕似乎对扭量理论并不感兴趣,他始终坚信,弦理论才是通向终极真理的康庄大道。

相较而言,LQG理论虽然看似在格调上比扭量理论矮了几分,但其完善程度则明显更胜一筹。尤其是与新近的弦理论成果相互借鉴融合之后,LQG理论已经可以比较完整地给出时空微观模型,对黑洞熵和全息原理也能给出明确的解释。阿什特卡的研究团队还将这个理论应用在宇宙学上,对宇宙大爆炸发生前后那个阶段的时空样貌给出了理论描述。

在相当一部分研究者看来,LQG理论最讨人喜欢的优点在于,这个理论完全不需要额外维度,因此也就不需要像弦理论那样使用各种各样奇怪的高维流形来处理额外维的紧致化。一个清清爽爽且所有维度都伸展着的空间,实在是太友好、太舒适了。

由于LQG理论在产生之初的惊艳表现,研究者们曾一度乐观地认为,这个理论会顶替弦理论,成为最主流的万物理论。2000年,斯莫林写了一本介绍LQG理论的科普书——《宇宙的本源》。在书的结尾处,他展望道:"……到2010年,至多到2015年,我们应该已经拥有量子引力的基本框架……到21世纪末,全球的高中生都将学习量子引力理论……"

时至今日,现实的状况显然远远没有达到斯莫林当初的预期。LQG理论虽然仍然是比较活跃的前沿领域之一,但其诞生之始就需要面对的一些关键问题,并没有像斯莫林以为的那样被轻松解决,它们目前仍然是LQG理论无法回避的软肋。

其中一个不需要专业术语就能说清楚的例子,即空间在宏观大尺度上的平滑性问题。我们通过天文望远镜仰望星空时,可以看到许多来自上百亿光年之外的光,这说明空间在大尺度上非常平顺光滑,所以才能使那些远道而来的光不会在途中遭遇阻碍。然而依照目前版本的LQG理论模型,光似乎无法传播这么远。对光来说,由那些"钥匙环"拼接组成的传播路径是一种在微观层面崎岖坎坷的迷宫,会使传播得太远的光迷失方向。

尽管LQG理论中诸如此类有待解决的问题可以列出一个很长的清单,并且每一个都动摇着人们对这个理论能够成为终极万物理论的信心,但作为一种颇具启发性的探索,这个理论还是给研究者们带来了丰富的灵感。

12.3 量子信息网络

本章开始时曾提到,旋量有两个特点:一是可以被当作量子信息的基本单元,二是可以视为"矢量的平方根"。这两个特点使它成了最适合出演"空间积木"的候选者。若要从这两个特点中选出更关键的一个,显然LQG理论和扭量理论都凸显了后者。然而,在后来出现的一些理论中,研究者们渐渐意识到,前者其实更为重要。

全息原理暗示了信息具有比空间更基础的地位,但并没有要求那些信息单元的具体形式必须是自旋。于是有些研究者索性将"空间积木"设定为量子比特,并以此为基础构建空间。至于那些抽象的量子比特背后是否还对应着更底层的物理对象,就暂且当作可讨论范围之外的问题。

其实,即使在LQG理论和扭量理论中,自旋网络中的那些旋量也是以抽象的形式被使用的。在许多LQG理论研究者的心目中,那些"钥匙环"就是信息单元,只是描述它的数学语言恰巧与描述自旋的$SU(2)$群相同而已。

有一个数学味道比扭量理论更浓的理论,名字叫**因果集**理论。这个理论的基本纲领是用数学上的偏序集来构建时空。所谓偏序集,粗略地说就像一个长幼有序的家族,其中的任何两个成员之间要么平辈,要么分得出长幼,不存在甲高于乙,乙高于丙,丙又高于甲这种关系。

研究者把这种有序关系与事件之间的因果关系对应起来,并认为时空的本质就是大量因果序列交织而成的团簇,这样就可以通过摆弄各种偏序集来构建出一个时空。这个理论的一个优势在于,时间被天然纳入其中,而且处于极为核心的地位。很明显,序列中的因果指向就是时间的方向。

需要提醒读者注意的是,因果这个词所代表的含义在不同的理论中不完全相同,也不一定与时间指向一致。在个别理论中,甚至可能会存在"逆时间方向传播的因果关系"这种说法。还记得我们在量子场论那部分提到过的反粒子吗？有时候，反粒子可以被视为逆时间传播的正粒子。

当然，因果集理论里不存在这种视角，时间序和因果序从一开始就被定义成同一个关系。实际上，这个理论的核心思想是：用集合中的序来代表几何意义上的方向，继而将所有与流形相关的概念都还原成抽象的集合论语言。该理论的主要贡献者拉斐尔·索尔金有句名言："序+数=几何。"

因果集理论目前尚处在萌芽阶段，它虽然对微观层面不连续的时空应该具有什么性质给出了一些描述，但还没有办法像 LQG 理论那样提供"积木"之间的动力学机制。也许将来因果集理论不会发展成一个直接揭示世界底层奥秘的理论，而是逐渐变成检验其他时空量子化理论是否在逻辑上靠谱的标尺。

高能物理领域中还有一些与量子引力相关的前沿理论，本书不得不略过，因为那些理论要么与时空的起源无关，要么比扭量理论和因果集理论更加小众。不过，我们的旅程并没有结束，最后一站将要了解的是一个颇为与众不同的理论——**弦网凝聚**理论。这个理论的提出者是物理学家文小刚。之所以将这个理论安排在压轴位置出场，主要是因为它有 3 个方面的特点值得特别关注。

首先，这个理论的产生有些特别。研究时空量子化模型本是高能物理领域的热点课题之一，前面介绍的那些理论皆出自高能物理的院墙之内，但弦网凝聚理论脱胎于凝聚态物理领域。没错，就是那个被大多数人认为研究物态相变、超导、超流、新材料等课题的领域。

其次，弦网凝聚理论将信息、空间和物质这三者的本质和起源统一起来，相较于那些只关注引力量子化的高能物理模型而言，明显具有更为宽阔宏大的叙事格局。在目前大统一理论的候选者中，大概只有扭量理论的目标高度与此接近。

最后，也是最重要的一点，就是弦网凝聚理论将一种新的整体论思想注入了对宇宙深层规律的探索中，为一直以还原论思想占据主导地位的物理学研究模式增添了不可多得的新鲜色彩。当其他理论模型认为，只要搞清楚微观层面砖块和砖块间的拼接机制，就可以搞清楚宏观层面的整栋大厦时，只有弦网凝聚理论模型包含了无法拆解成砖块的整体性元素。

在这个模型中，构成空间和万物的基本单元仍然是量子比特，与LQG理论中的"钥匙环"和因果集理论中的事件点本质上是同一类"积木"。按照弦网凝聚理论模型的刻画，量子比特之间存在一种名为**长程纠缠**的机制，它能将若干量子比特串成一根根弦。空间就是这些弦交织而成的网络，构成物质的夸克和电子是弦的端点，而那些传递作用力的光子和胶子是弦的密度波。

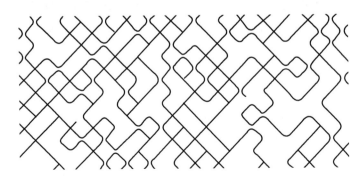

全宇宙整个空间以及空间中的所有物质和相互作用，可以看作是一锅"面条汤"，专业术语叫作**弦网液体**。就像宏观物质材料可能具有不同的物态一样，宇宙这锅"面条汤"也可能处于不同的相，也就是弦网

编织的整体模式可能有所不同。

如今,我们认识到光和电磁相互作用满足麦克斯韦方程组,胶子满足杨-米尔斯方程,电子和夸克满足狄拉克方程……这些自然规律的成立,其实对应着弦网的某个特定编织方式,或者说整锅"面条汤"处于某个特定的相。如果弦网起初就以另一种方式凝聚,那么描述基本粒子和相互作用的各种方程就会是另一种样子。

从上述描述中不难看出,弦网凝聚理论中的弦与超弦理论中的弦不是同一种对象。超弦理论中,弦是万物的基本单元,不可再分,也无内部构成。而弦网凝聚理论中,弦只是一种表象,它体现了长程纠缠这个神奇机制的存在。

长程纠缠是弦网凝聚理论区别于其他大统一理论最独特也最为抽象的概念。粗略地说,长程纠缠的存在,意味着空间中两点之间存在着纠缠关系,也就是说空间本身是非定域性的。这种纠缠关系的名字带有"长程"二字,是因为这种关系异常牢固。而一般纠缠粒子对的那种普通的纠缠关系显然要脆弱得多,其中一个粒子所处的环境稍有干扰,纠缠关系就会被破坏。

长程纠缠这种不会因局部扰动而改变的特性,颇具几何中拓扑不变量的味道,所以它还有一个广为人知的名字——**拓扑序**。为了便于理解,我们可以用较粗陋的方式类比。想象把几锅"面条汤"放进冰柜,其中一锅冻成了球形,另一锅冻成了轮胎形,还有一锅冻成了眼镜框的形状。看到这种情形我们可以知道,这几锅"面条汤"拥有不同的拓扑序,而背后的原因是长程纠缠的模式不同。

请注意,这个类比只是粗糙的比喻。虽然拓扑序这个名字很容易让人联想到各种拓扑流形,但其内里的本质比能画在纸上的流形要深奥得多,它实际上更应该被视为一种广义的对称性,或者说是对传统对称性概念的一种扩展延伸。

在拓扑序被发现之前,对称性是解释物质相变的唯一理由,朗道建立的"物态变化=对称性变化"这一理念深入人心。然而,20世纪80年代,研究者们陆续发现了一些相变过程中对称性并无变化,这显然除了对称性还有其他因素影响着物态变化。

1989年,从弦理论转战凝聚态物理仅两年的文小刚发现了那道藏在对称性之门背后的又一道"暗门",并创立了一套完整的理论来描述那层隐藏得更深的规律。这个新理论成功地解释了一系列朗道理论无法解释的相变现象。

然而,在为新理论命名时,文小刚却有些为难,不知道该如何称呼这个全新的概念。彼时能够明确彰显全局整体意味的概念只有两个:一个是对称性,另一个是拓扑不变量。既然不是对称性,似乎也只能选"拓扑"二字了。况且文小刚的博士生导师威腾在1988年在拓扑量子场论的发展中做出了重要贡献,让拓扑一词成了当时理论物理学界的流行词汇,于是文小刚就将自己的发现命名为拓扑序。

在后来的各种公开演讲中,文小刚多次提到他对拓扑序这个命名不太满意。2000年之后,他认识到拓扑序的本质是长程纠缠的不同模式,希望人们更多地使用长程纠缠这个概念。怎奈拓扑序这个新概念一经发现,就为凝聚态物理开辟了一片全新的研究领域,经过十几年的发展,已然成为一个重要的标签,纵使文小刚自己也不可能再为其改名了。

比起命名方面的斟酌,让文小刚更操心的是描述拓扑序的数学语言。我们知道,描述对称性的数学语言是群论,刻画拓扑性质的数学语言是群论和微分几何。文小刚意识到,这些数学语言似乎不足以描述拓扑序,尤其是弦网凝聚理论,于是开始大力倡导引入抽象程度更高的范畴论这个新的数学工具。

正如当初,用微积分才能真正表述牛顿力学,用微分几何才能真正描绘出广义相对论,用矩阵代数才能真正刻画出量子力学。也许理论物理学家们孜孜不倦探寻的时空本质和起源之谜,也需要用新的数学工具来揭开面纱。